云计算技术实践系列丛书

U0127523

敏捷数据分析工具箱
——深入解析 ADW+OAC

史跃东　著◎

电子工业出版社

Publishing House of Electronics Industry

北京·BEIJING

内 容 简 介

本书从数据仓库的方法论入手，为读者系统而又全面地介绍敏捷数据分析的相关工具：ADW、OAC，内容涵盖 Oracle ADW 的技术特征、数据加载及应用开发等部分；在 OAC 方面，深入地介绍了 OAC 的技术与强大的功能，同时也加入了诸多的高级主题。另外，本书的第 4 部分介绍了其他相关知识。本书内容在保证深度的基础上兼顾了技术的广度，并结合了大量实战性操作和案例，使读者可以在较短的时间内全面了解敏捷数据分析的相关知识。希望本书可以抛砖引玉，让更多的人关注 ADW 和增强分析技术。

未经许可，不得以任何方式复制或抄袭本书之部分或全部内容。
版权所有，侵权必究。

图书在版编目（CIP）数据

敏捷数据分析工具箱：深入解析 ADW+OAC / 史跃东著. —北京：电子工业出版社，2021.4
（云计算技术实践系列丛书）

ISBN 978-7-121-40918-9

Ⅰ. ①敏… Ⅱ. ①史… Ⅲ. ①数据处理软件 Ⅳ. ①TP274

中国版本图书馆 CIP 数据核字（2021）第 060617 号

责任编辑：刘志红（lzhmails@phei.com.cn）　　　文字编辑：底　波
印　　刷：三河市鑫金马印装有限公司
装　　订：三河市鑫金马印装有限公司
出版发行：电子工业出版社
　　　　　北京市海淀区万寿路 173 信箱　邮编：100036
开　　本：787×980　1/16　印张：20.25　字数：394 千字
版　　次：2021 年 4 月第 1 版
印　　次：2021 年 4 月第 1 次印刷
定　　价：128.00 元

谨以此书献给 Oracle，
并祝 Oracle 在云计算的道路上披荆斩棘，一往无前！

　　敏捷数据分析是相对于数据仓库和 BI 而言的新一代数据分析的思维框架和工具，相关变革已历经了一段时间，但就其范围、深度和影响而言才刚刚开始。新的工具不断出现，新的名词也层出不穷，如可视化分析、增强分析等，但数据分析变革的实质在于向敏捷转变，因为传统数据仓库和 BI 在适应创新业务方面的最大缺点是不够敏捷。数据分析的敏捷性可以概括为四点：业务导向、由小及大、迭代解析、增强展现。

　　"业务导向"和"由小及大"体现的是"敏"，具体来说就是为了追求某一业务结果从某一业务问题精确切入；"迭代解析"和"增强展现"体现的是"捷"，具体来说就是从一个小的表征问题，通过维度的试错和数据集的不断加载，完成数据探索，提出解决问题的方案。实际上，这里的"敏捷"远超出了"快"的一般意义，它体现的是敏锐地捕捉到"是什么"并精确描述，进一步简捷地解析"为什么"并释义因果关联。

　　上述的敏捷数据分析在实际应用中不仅需要思维的改变，还需要快速地完成从探索主题到数据集市的构建，进一步到分析画布的呈现。同时，底层支撑还需要有低技术门槛的数据集成能力和计算资源的配置能力。阅读本书可以基于 Oracle 的 ADW 和 OAC 获得对敏捷数据分析实现能力的导引，也可以对企业数据分析师进行进阶指导。

　　在过去的一年多时间里，史跃东所在的数据和分析团队在解决许多企业提出的数据分析需求的过程中一起讨论、研究和创建了不少敏捷分析的实例。史跃东对数据管理和分析有自己的见解，在团队研讨过程中把业务实例和技术实操结合起来，通过自己的研习形成了本书对 ADW+OAC 的系统阐述。

　　我在敏捷数据分析推动团队研究的过程中，感受到大家对数据管理的热爱和执着，本书也是作者在敏捷数据分析学习旅程中的一个成果，很高兴写序为谢。

——谢鹏 甲骨文公司副总裁及中国区技术顾问总经理

2021 年 3 月于北京

自笔者成为 Oracle 中国的售前技术顾问以来，公司成立 ADW Expert 团队，负责敏捷数据仓库解决方案，以及 Oracle 业务数据平台在中国的推广及应用。笔者有幸能够参与其中，并和销售及其他团队的同事一道，拜访客户、了解需求、做数据分析样例。忙了一段时间，沉下心来细想，就觉得 ADW 和 OAC 这两个产品虽然都是好东西，但是与 Oracle 数据库相比，在国内的知名度和应用情况还是差了不少，于是就萌生了写点东西的想法，愿以自己的绵薄之力，为 ADW+OAC 在国内的推广及应用，做一点事情。

和笔者之前出版的几本书不同，这是一本既讲技术又涉及业务的书。因为在 Oracle 自治技术与机器学习的加持下，对于 ADW+OAC 这样的数据平台，其重点已经转向如何进行数据分析与洞察，而不是传统的纯粹关注技术了。而这一点，无论对于传统的 DBA 和 IT 运维人员，还是面向前端的业务人员，都将是新的挑战和机遇。

于是本书的写作目的是：全面而又系统地介绍 ADW+OAC 的整体数据分析解决方案，让读者对自治数据库技术和增强分析技术均有所了解，并能够尝试自己动手进行数据分析工作。简而言之，无论是具有 IT 背景的技术人员，还是没有 IT 背景的业务人员，均可以在这本书中找到感兴趣的东西。

然而写书终究是一件知易行难的事情，把本书内容的大致框架定下来之后，动起笔来也依然有不小的难度。笔者在写作的过程中，始终都在斟酌应该把哪些内容写进来，把哪些内容剔除。尤其是在写前几章时，计划中的章节内容一直在不断调整。笔者是技术出身，因此涉及技术的部分很容易就会扩展开来。但是对于本书，笔者却不得不收住自己的笔与心神，只是围绕本书的主旨渐渐扩展。从 ADW 到 OAC，再到相关知识，务求把整个解决方案的框架说明白，并有重点地进行延伸。

鉴于代码的大小写对程序执行结果不会有影响，本书中的截图均为原图，未进行大小写统一处理。

历经数月，本书终于完成。其间的纠结与琢磨自然不少，然而当全书完成时，除有如释重负之感外，点点的欣慰也是有的。希望本书能够给关注自治数据库技术和增强分析的读者带来些许价值，也就不枉费笔者的付出了。

史跃东

2021 年 3 月于北京

致　谢

感谢甲骨文公司副总裁谢鹏在百忙之中抽出宝贵的时间为本书写序！

感谢 Oracle 中国高级技术总监 Jims Ma 及 ADW 团队的左金为本书内容提供了诸多指导和建议！

另外，在本书的写作过程中，我所在的 Oracle 中国 SE 团队的同事提供了大量的帮助，他们是：张润平、刘艳超、刘群策、朱玉贺、杨静、殷海英、张锋等，他们分别在敏捷数据集市方法论、ADW 技术特征、数据加载、APEX 开发、Oracle ML，以及 Oracle 19c 等方面给我提供了极好的素材和建议。因此，从某种意义上来说，本书是 SE 团队在多个技术方向上的知识集成。

此外，我所在的 ADW Expert 团队对本书的内容进行了全面审核，对很多细节提出了颇有价值的修改意见，在此一并表示感谢。

不仅如此，在我写书及跟进项目的过程中，其他兄弟团队一直都在大力协助，我对此身怀感激之情。

当然，为了完成本书的写作，不得不占用大量的休息时间（如晚上和周末），故在此对我妻子的理解和支持深表感谢。

目　录

第 1 部分　数据仓库管理篇

第 3 部分　增强分析技术与应用篇

第 4 部分　其他相关知识篇

第 1 部分　数据仓库管理篇

自 2018 年 3 月 Oracle 发布 ADW（Autonomous Data Warehouse）以来，毋庸置疑，ADW 已经成为 Oracle 在云计算市场上的关键产品之一。而在中国市场上，它可能是 Oracle 最重要的产品之一。

本书在第 1 部分内容中，除了探讨数据仓库的相关概念与方法论，重点就是介绍 ADW，并且在技术的深度和广度上均有所探索，包括 ADW 在诸多方面的技术特征及如何将数据加载到 ADW 中等知识。简而言之，本部分的重点就是让读者能够从多个角度来管理 ADW。

第 1 章

数据仓库的概念、兴起及其构建方法论

1.1　数据仓库的概念与发展历程简述

1991 年，William H. Inmon 在其出版的书籍 *Building the Data Warehouse*（中文版译为《数据仓库》，目前最新为第四版）中，首次提出了数据仓库的概念：

数据仓库（Data Warehouse）是一个面向主题的（Subject Oriented）、集成的（Integrated）、相对稳定的（Non-Volatile）、反映历史变化（Time Variant）的数据集合，用于支持管理决策（Decision Making Support）。

目前，这一定义已经为人们广泛接受，Inmon 也因此被称为数据仓库之父。

从数据仓库的概念提出至今，已经过了 30 个年头。在此期间，整个 IT 行业发生了翻天覆地的变化。从互联网的兴起，到大数据的出现，再到云计算的兴盛，以及今日的 AI 与机器学习，计算机行业的技术浪潮前浪未止，后浪便又汹涌而来。

作为 2006 年开始接触 Oracle 数据库并由此进入该行业的笔者而言，有幸经历了数据仓库的低潮和再次兴起、大数据与云计算的崛起等关键阶段，也因此对数据仓库这一技术有了些粗浅的认识。因此，笔者在这里与诸位读者一道，从数据仓库的发展历程谈起，以史为鉴，可知未来。

数据仓库这一概念，其实是从数据库演化而来的。众所周知，当一家企业开始建设 IT 系统来支撑自己的日常运转之后，企业内部的 IT 系统、数据库就会逐渐多起来。当达到一定阶段时，企业的高层及相关 IT 管理人员，包括一线的运维及开发人员，就会逐渐意识到，公司内部的系统太多，各系统之间的交互、数据访问等就会变得烦琐。并且，在企业经历了一段信息化建设之后，企业内部的数据也积累起来了。

当然，现在我们已经知道，企业的数据可分为事务型数据和分析型数据。其中，事务型数据用于支撑和保障企业的日常交易、运行，以及管理；而分析型数据侧重于在运营数据的基础之上，经过一定的集成、加工和整理，来生成企业的周报、月报等常规报表，以及更高级的活动，如数据分析、数据挖掘等，进而为企业的发展提供决策参考。简而言之，事务型数据（或者说运营数据）是为当前服务的，分析数据则是为了更好地规划未来。关于这一点，有一个很能说明问题的小故事：一个月以前的报纸，只能按照收废品的价格来衡量其价值；当天的报纸，可以用其定价来衡量其价值。那么，明天的报纸呢？那价值可就高太多了。

因此，数据仓库就是企业的信息化建设到了一定程度，自然而然出现的一种技术和概念。国内的数据仓库技术开始受到广泛关注的时间大约是在 2000 年以后。2005 年前后，众多国内企业开始尝试建立自己的数据仓库。当然，初始阶段，成功的案例不是太多。那时候人们已经意识到了数据是有价值的，但是如何发挥它们的价值，就是一件很难的事情了。因此，当时想建设数据仓库的企业不在少数，但建成的就很少了。并且在这些建成的数据仓库项目中，相当一部分也只不过是将公司的数据都放到了一起（当然，这也是数据湖（Data Lake）这一概念出现的缘由，关于数据湖的概念，可以参考《数据湖架构》，当然，作者也是 Inmon），可以生成一些部门级或者是企业级的报表，至于其他的如数据挖掘等高级应用，成功的案例就少之又少了。

因此，虽然从那时起，无论在国内还是国外，数据仓库项目一直都有企业在进行建设，但是对于整体而言，数据仓库是处于一个相对低潮的阶段的，直到大数据和云计算的兴起。

1.2　云计算与大数据背景下的数据仓库技术

大数据从何时出现，以及何时兴起，这里不再多言，感兴趣的读者搜索几个关键词即可了解：Lucene、Hadoop，以及 Doug Cutting。至于云计算，则搜索的关键词就更简单了。

对于和笔者一样的 IT 从业者而言，一门新的技术能否流行起来成为趋势，关键就看该技术的核心应用。无论是大数据，还是云计算，皆是如此。

对于大数据而言，它能够将整个企业的数据汇总到一起，并进行存储管理，然后创建应用。那么问题来了，哪些应用最适合建立在企业级的大数据之上呢？显而易见，数据仓库是完全值得考虑的应用之一。因此，随着大数据技术逐渐被各大企业广泛采用，数据仓库技术迎来了它的第二春。并且随着大数据技术的广泛应用和深入发展，基于大数据的数据仓库技术也逐渐呈现了一些新的趋势。例如，它基于大数据的一些技术，而不是只采用传统的关系型数据库技术来构建。这样就使得数据仓库除能够处理结构化数据外，也可以处理半结构化、非结构化数据。并且，大数据对海量数据的强大处理能力也使得诸多企业能够更广泛地使用外部数据，而不仅是将其作为企业自身数据的补充。

不仅如此，近年来，随着 AI 技术的进展，数据仓库应用中的数据挖掘甚至知识发现等高级部分，终于有了能够在大量企业中落地的可能。

云计算则为数据仓库的建设提供了更为经济的实现方式。传统的数据仓库构建方法，需要按照瀑布式的项目开发流程，依次进行需求分析、概要设计、详细设计、开发、测试、部署，最后上线等一系列的阶段性工作。但有了云计算后，我们就可以探究数据仓库构建的更多方法了。

1.3　数据仓库构建方法论

目前，关于数据仓库的构建，主要有以下两种方法论：

（1）Inmon 提出的传统的数据仓库构建方法；

（2）Ralph Kimball 提出的敏捷数据集市构建方法。

这两种方法论各有优劣，我们逐一来看。

1.3.1 传统的数据仓库构建方法

数据仓库之父 Inmon 所提出的数据仓库构建方法，通常也被称为传统的数据仓库构建方法。此种方法期望能够从整个企业的全局视角入手，建立企业级的数据模型，从而建立起数据仓库，然后根据各个部门的要求，进而从数据仓库中取出相应的数据，形成能够满足各个部门需求的数据集市。其构建流程如图 1-1 所示。

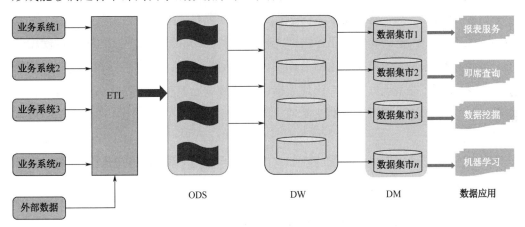

图 1-1 传统的数据仓库构建流程

传统的数据仓库构建方法的优势如下。

（1）能够在一开始就从企业的全局来审视 IT 系统及数据现状。这样做的好处极为明显，因为在项目初期就能够去考虑如何构建整个企业的数据视图，所以能够充分了解企业现状，进而引出下一个优势。

（2）能够借助搭建数据仓库的机会，梳理整个企业现有的 IT 系统和数据，进而为将来的数据治理，甚至是数字化运营打下良好的基础。

（3）企业级的数据仓库项目技术含量高，采用的工具和技术也比较多。若企业可以通过自己的 IT 部门来完成这样的项目，则能够很好地锻炼相关的技术人员。

（4）构建数据仓库的过程，其实也是对企业现有业务流程进行梳理的过程。

但是，这种数据仓库的构建方法存在不少问题。

（1）实施难度大。构建企业级的数据仓库，需要设计企业级的数据视图，这就对设计人员提出了极高的要求。另外，在进行 ETL 处理时，需要从多个不同的 IT 系统、数据源、各种文件，甚至外部数据源中抽取数据，有时可能需要大量的开发工作。并且，来自不同 IT 系统的数据，往往会存在大量的数据不一致、相互冲突、重复，甚至无法区分谁对谁错的情况。笔者曾经参与过数个企业级数据仓库项目，遇到的此类问题真是太多了。

（2）项目周期长。一般的企业级数据仓库项目，其实施周期至少在半年以上。其间一旦出现关键参与人员中途退出或其他意外情况，就很容易导致项目延期。虽然在 IT 行业中项目延期是常事，但是数据仓库项目的延期现象尤为突出。

（3）前期成本高。构建企业级的数据仓库，需要在前期就进行大量的人力、财力投入，需要购置大量的设备，组建由多人构成的实施团队。虽然现在可以通过使用公有云来降低硬件成本，但是其他的前期投入依然居高不下。

（4）敏捷性较差。由于此种构建数据仓库的方法周期较长，因此缺乏敏捷性，尤其是在业务上。如果在项目后期才发现早期设计的数据模型有问题，那么返工的成本就比较高。

综上所述，可以看出，传统的数据仓库构建方法是一种典型的优缺点都极为明显的方法。

1.3.2　敏捷数据集市构建方法

与之相对，Kimball 提出的敏捷数据集市构建方法（有时也称为自底向上方法）则在相当大的程度上避免了传统数据仓库构建方法的一些缺点，同时又有着自己独特的优势。该方法从一个较小的业务场景入手，快速构建数据模型，收集数据并构建数据集市，然后逐步扩展，最终形成整个企业级的数据仓库。敏捷数据集市构建流程如图 1-2 所示。

与传统的方法相比，敏捷数据集市构建方法的优势极为明显。

（1）前期投入成本低，试错成本低。由于是从一个小的业务场景开始的，所以此种构建方法属于典型的"船小好调头"。企业可以选取最紧要、最容易出成果、数据质量最好的场景下手。这样做项目成功率就比较高。另外，由于是从小处着手的，因此即使失败了成本也不会太高。

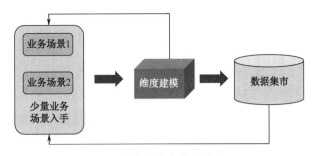

图 1-2　敏捷数据集市构建流程

（2）以业务为导向。数据模型的构建和数据集市的搭建都是从业务出发的，更容易获得业务部门的认可。而我们都知道，业务部门的配合，是数据仓库项目成功的关键因素之一。并且，以业务为导向的另一个好处就是能够尽快出成果，无论对于业务部门，还是高层而言，这都是一件能够影响全局的事情。

（3）周期短、见效快。由于敏捷数据集市构建方法的切入点小，因此接下来的数据收集与维度模型创建的工作量和技术难度也就比较低，故而在较短的时间内就能够完成数个业务场景的模型构建和结果展示。项目周期一般以周计。

（4）具有足够的敏捷性。切入点小，项目周期短，带来的好处就是整个项目将具有相当高的敏捷性。当发现初期的数据模型或分析方向有误时，可以随时调整，即便全部返工，其带来的损失也相当小。

（5）技术难度低。敏捷数据集市构建方法，由于是从小的业务场景入手的，初期的数据量不大，可以选择 IT 人员比较熟练的工具和技术，所以技术上的难度就会比较低。这对于提高项目的成功率，以及加强参与人员的信心极为重要。

当然，敏捷数据集市构建方法也有自己的缺点。

（1）初期无法获得企业的全局视图。敏捷数据集市的构建是从小处着手的，固然技术难度和工作量都降了下来，但对于设计人员而言，看到的往往是部分数据和业务，一叶障目，不见泰山，这样就很容易到后期发现前期不少的数据模型之间存在冲突。毕竟设计整个企业的数据模型，与设计部分业务场景或者部门级的数据模型，其设计思路、工具及技术都可能是不同的。

（2）存在多次返工的可能。敏捷数据集市带来了较低的试错成本，但是项目出现返工的可能性也会随之增大，尤其是在项目初期。

（3）无法对 IT 人员进行很好的锻炼。毕竟项目的技术难度等都已经大幅下降了。

当然，我们在这里探讨传统数据仓库构建方法和敏捷数据集市的构建方法之间的优劣，其目的并非在于让企业必须选择某一种构建方法，而是希望通过列出不同构建方法之间的差异，让企业根据自己的实际情况自主决策。对于一些具有较强 IT 技术实力的大企业而言，一上来就实施企业级的数据仓库项目，虽然风险较大，但所带来的收益也是相当可观的；而对于 IT 实力较弱，或者需要借助外部资源来构建数据仓库的企业而言，采用敏捷数据集市构建方法则是相对比较合适的选择。

1.3.3　Oracle 推荐的数据仓库构建方法

Oracle 的相关产品很早就开始支持数据仓库技术了，无论是 Oracle 系列各版本的数据库、当年的 OWB 和 BIEE，还是后来的 OGG、ODI，以及现在的 ADW 和 OAC 等诸多产品，都可以应用到企业级数据仓库项目的实施当中。并且随着当前云计算技术的发展，以及 Oracle 正逐步在全球构建自己的数据中心和 Region，结合 Oracle 多年来在实施众多数据仓库项目上的经验和成熟产品，基于敏捷数据集市的构建方法论，Oracle 也提出了自己的敏捷数据平台构建方法。其数据平台架构简图如图 1-3 所示。

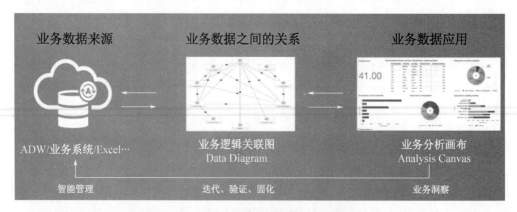

图 1-3　Oracle 推荐的数据平台架构简图

与传统的数据仓库构建方法相比，Oracle 推荐的这种方法，有自己明显的特征。

（1）业务导向。此种方法完全以企业的最终业务为导向，直接从业务中的关键问题，也就是从业务运行中的痛点、难点出发，直击痛处，这样就能够快速见效，树立企业建立敏捷数据平台的信心，并且对企业业务的促进作用更直接、更有效。

（2）由小及大。从一个或几个业务痛点出发，然后逐步扩展，数据集市也随之增加，最终将整个企业的数据打通，并纳入该数据平台中。

（3）简化流程。数据可以直接从业务系统或其他原有位置进入数据集市，并按照业务分析的需求逐步扩充，然后进入数据仓库，从而形成整个企业的敏捷数据平台。

（4）敏捷高效。项目的实施周期短，业务上见效快，这对于数据分析和业务洞察都极有好处。

不仅如此，而且 Oracle 推荐的方法是完全基于公有云的，因此云计算有与生俱来的弹性，也就是按需扩展和缩容的能力。各个企业完全可以根据自己的需要，随时在线扩充自己数据平台的 CPU 或存储容量，业务应用完全不会中断，可以保持全程在线。

另外，Oracle 推荐的这种敏捷数据平台构建，与传统的数据仓库构建方法并非排斥的关系。对于没有数据仓库或数据平台的企业而言，完全可以采用 Oracle 的这种构建方法；而对于已有数据仓库的企业而言，Oracle 推荐的方法依然可以起到加成的作用，也就是在现有的数据仓库之上，提供强大的敏捷性和弹性，从而能够让企业更从容地应对瞬息万变的市场需求。

从产品上来说，Oracle 推荐的方法是基于 ADW 和 OAC 这两款关键的基于 Oracle 公有云的成熟产品。本书后面的内容将为读者深入介绍这两款产品的功能、技术特征，以及如何使用。

Oracle 的售前专家曾经在一次用户的数据平台项目实施中，特意将 Oracle 推荐的基于 ADW+OAC 的方案与传统的数据仓库进行了对比，具体内容如表 1-1 所示（当然，不同的数据仓库或数据平台项目的差异性极大，因此表中数据仅作为参考）。

表 1-1　ADW+OAC 与传统数据仓库对比

对 比 条 目	传统的数据仓库项目	ADW+OAC 项目
架构评估	需要架构师参与，整体软硬件架构评估通常至少耗时 30 天	无须评估，按需增加或减少资源和订阅服务，耗时 30 分钟
环境准备	需要 DBA 参与，软硬件安装配置至少耗时 30 天	无
需求分析	需业务人员精确描述需求/要求，精确固化模型，至少耗时 60 天	业务部门参与，快递迭代原型与数据验证，耗时 2 天

续表

对 比 条 目	传统的数据仓库项目	ADW+OAC 项目
系统开发	不允许大范围的需求变更/基于设计文档的瀑布式开发。从开发到测试完成，至少耗时 60 天	以业务为核心进行建模，鼓励业务人员使用 OAC 参与报表开发与自主分析，耗时 3 天
性能保障	需要开发人员/DBA 共同参与，并确定优化方案，至少耗时 10 天	自动化运维，弹性资源处理，无须特别优化
部署投产	需要测试/安全人员精通性能测试、压力测试，以及漏洞扫描码处理等能力，至少耗时 10 天	一键式部署，一键式迁移生产环境，无须考虑性能、并发，以及漏洞的影响，耗时 30 分钟

1.4　本章小结

　　本章为全书的开篇，通过简要介绍数据仓库概念的诞生、兴起及其发展历程，让读者对数据仓库这一技术有一个初步的认识，然后介绍数据仓库构建中的两种方法，进而提出 Oracle 自己的构建方法。读者可以根据这些知识，自己进行评判，从而为参与的数据仓库项目选择合适的构建方法。

　　第 2 章将为读者介绍 Oracle 的拳头产品 ADW。作为 Oracle 近年来的重点产品，它的技术特征、产品能力等都深受社会关注。

第 2 章

自治数据库（ADW）技术特征

2.1 ADW 简介

ADW 的全称是 Autonomous Data Warehouse，即自治数据库。它由 Oracle 于 2018 年 3 月发布。其定位是：为数据仓库、数据集市、数据湖、机器学习等分析型工作负载提供最佳的运行平台。当然，对于事务处理，也就是 OLTP 类型的工作负载，Oracle 也于同年的 8 月发布了 ATP（Autonomous Transaction Processing）。

对于 ADW 而言，可以用下面的简图（见图 2-1）来很好地说明。

图 2-1　什么是 ADW

其实，在 Oracle 的售前工程师给客户讲解 ADW 时经常用到图 2-1，通过简单的几句说明，客户就能够完全理解什么是 ADW 了。而对于具有 Oracle 数据库背景的 IT 人员而言，看一眼这张图，就全部明白了。

简而言之，ADW 是 Oracle 公有云上的在线数据仓库平台，其底层硬件采用的是 Oracle 一体机 Exadata 技术，数据库采用的是全球第一个自治数据库 18c，其运维管理由 Oracle 公有云后台自动完成。不仅如此，ADW 本身还融入了 RAC、ADG 等 Oracle 在高可用方面的诸多关键技术，在自身后台维护中则应用了大量成熟的 AI/机器学习技术来实现自动化。因此，在某种程度上，ADW 可称得上是 Oracle 基于自身数据技术的多年积累而推出的一款集大成的作品。

从 Oracle 公有云的体系架构来看，ADW 隶属于 Generation 2 Cloud Infrastructure（第二代云基础架构）中的 Autonomous Database（自治数据库）。

注：关于 Oracle 公有云的产品服务，我们将在第 8 章进行详细介绍。

与传统的数据库管理技术相比，Oracle 自治数据库技术带来了诸多的改变。

（1）自动供应。ADW 基于 Oracle 的公有云平台，能够快速创建并供应 ADW 实例。稍后我们将会看到，在线申请 ADW 实例是多么简单便捷。

（2）自治安全。ADW 使用了包含 DB Vault 在内的诸多安全技术，能够为数据提供最大的安全保护。并且，Oracle 的公有云是业界唯一进化到了第二代的公有云平台，安全性更高。

（3）自治管理。ADW 能够自动完成在线打补丁、执行所有 OS 和 SYSDBA 操作等任务，并且可以诊断错误、解决问题。

（4）自治保护。ADW 实现了完全的在线自动备份及恢复，无须进行任何的停机操作，或者从故障中进行恢复操作。

（5）自治伸缩。ADW 能够在线伸缩，也可以配置自动伸缩功能。在能够获得最高性能的同时，保证实现按使用付费，从而实现最低成本。

（6）自治优化。ADW 在后台实现了基于机器学习的工作负载优化技术，它能够持续优化每个工作负载，包括内存、数据存储、索引、并行及执行计划等。

ADW 有如下特点。

（1）简单。从业务上来说，可以在分钟级完成 ADW 实例的申请和创建，并且通过数据探索来获得业务洞察，还可以轻松地将分析过程转换为可视化故事，从而供企业管理层在决策时参考。从技术上来说，数据库管理的自动化、自动调优及兼容现有工具的数据迁移能力，都能够让企业 IT 人员体会到 ADW 的简单，能够在很大程度上降低学习成本。

（2）快速。从业务上来说，ADW 能够提供快速分析能力，从而加速创新，更快地获取商业利益。它能够支持大量用户的并发访问，从而提高团队工作效率。从技术上来说，ADW 底层基于 Exadata 技术，能够提供极致的数据查询与分析性能，和竞争对手相比，性能大幅度提升。

（3）弹性。从业务上来说，ADW 可以根据需要来满足不断变化的业务需求，只需要为使用的服务付费，极大地降低了用户成本，并且所有的操作都不会影响业务的连续性。从技术上来说，用户可以自定义 ADW 实例的大小，按需扩展，然后在系统空闲时关闭实例。计算资源和存储资源可以独立扩展，并且不需要停机时间。

ADW 架构简图如图 2-2 所示。

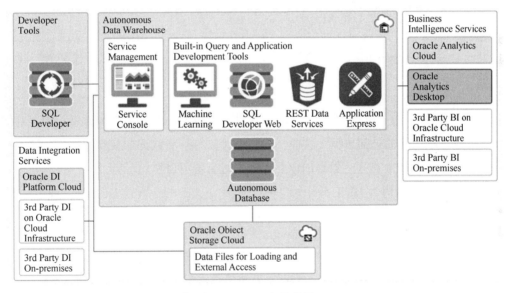

图 2-2　ADW 架构简图

从图 2-2 所示的架构简图中可以看到，ADW 分成四部分。

架构简图最左边为 ADW 连接与接入部分，可以使用 Oracle 提供的 SQL Developer 或其他工具连接到 ADW 上。该部分可以是 Oracle 公有云的一些数据集成平台或服务（如 Oracle 公有云 Marketplace 上的 Oracle GoldenGate，或者 ODI 等），也可以是 Oracle 公有云上的第三方工具，还可以是用户本地的第三方工具，如

Informatica 的 Powercenter，或者是开源的 ETL 工具 Kettle 等。

注：上述架构简图源自 Oracle 官方文档，具体链接为 https://docs.oracle.com/en/
cloud/paas/autonomous-data-warehouse-cloud/user/autonomous-intro-adw.html#GUID-4B9
1499D-7C2B-46D9-8E4D-A6ABF2093414。

架构简图的中上部分就是 ADW 了。这部分包括底层的自治数据库，以及在此之
上的管理界面和 ADW 内置的应用开发工具。这些工具包括：① Machine Learning，
这是 Oracle 基于开源的 Apache Zeppelin 而生成的一个交互式 Web 数据分析工具，称
为 Oracle ML；② SQL Developer Web，这是 SQL Developer 的网页版；③ REST Data
Services，这是为开发人员提供的 ADW RESTful 接口；④ Application Express，这是
大名鼎鼎的数据库开发工具 APEX。

注：关于 Oracle ML、APEX 等开发方面的内容，将在本书第 2 部分进行详细
介绍。

架构简图中的中下部分是第三部分，这部分提供 Oracle 对象存储服务，用于存储
Excel 等非结构化的外部数据。这样，我们就可以将一些数据加载到该对象存储服务
中，然后在 ADW 中对这些数据创建外部表，之后就可以使用了。

架构简图最右边为 BI 工具部分，可以使用 Oracle 的分析云（OAC），或者 OAC
的简化桌面版 OAD，或者其他第三方的 BI 工具。

注：关于 OAC 的相关内容，将在本书第 3 部分进行详细介绍。关于 ADW 能够
支持的 BI 和数据集成工具，以及第三方工具的详细列表，可以参考链接 https://www.
oracle.com/database/adw-cloud-tools.html。

可以看到，Oracle 在设计 ADW 的架构时，充分考虑了对用户现有工具与技术的
兼容，使得用户可以在不大量增加学习成本的前提下，就能够快速上手 ADW。虽然
Oracle 的产品一向给人以功能强大、上手难度也大的印象，但是 ADW，在某种程度
上打破了这种印象。基于 Oracle 公有云出色的后台自动化处理能力，与之前的 Oracle
产品相比，ADW 的易用性明显提升了一个档次。

2.2 ADW 实例的创建与连接

2.2.1 ADW 实例的申请

其实，之前 Oracle 的公有云就提供了 30 天数百美元额度的免费试用优惠，但是在 2020 年的 OOW 大会上，Larry 又发布了一项对于技术爱好者来说更具优惠的措施：Always Free。详细内容可以参考链接：https://www.oracle.com/cn/cloud/free/#always-free。

简而言之，就是我们可以永久免费使用 ADW 实例了，当然，容量还是有些限制的。至于如何通过 Always Free 来申请并创建 ADW 实例，这里不再赘述。读者按照上述链接内的提示，一步步自行创建即可；也可以参考 Oracle 官方微信公众号"甲骨文云技术"，其中在 2020 年 9 月 18 日发布的《史无前例的 Oracle 永久免费云服务！》一文，详细阐述了具体的操作步骤。

在 ADW 实例的申请过程中，其实并没有什么难度太大的事情，但是申请页面（见图 2-3）需要说明。

创建自治数据库

提供自治数据库的基本信息

选择区间

ocichina001（根）/adw_expert_compartment

显示名称

DB 201911041142

用于帮助您轻松标识资源的用户友好名称。您可以随时更改显示名称。

数据库名称

DB201911041142

名称必须仅包含字母和数字，并且必须以字母开头。最多 14 个字符。

图 2-3　创建 ADW 实例时需要指定区间和数据库名称

在设置 ADW 实例的数据库名称时需要注意，名称的长度不得超过 14 个字符。

对于部署类型，我们知道 Oracle 从数据库 12c 开始就引入了多租户的概念。因此，当选择默认的部署类型（无服务器类型，也就是 Serverless）时，所创建的 ADW 实例，其实就是一个 PDB（Pluggable Database）；而如果选择专用基础结构（Dedicated）类型时，则需要再进行其他一些配置（见图 2-4）。

图 2-4　工作负载与部署类型选择

注：关于 Serverless 和 Dedicated 两种部署类型的差异，可以参考官方文档 https://docs.oracle.com/en/cloud/paas/autonomous-data-warehouse-cloud/index.html，注意其中的 Serverless 和 Dedicated 关键字。

对于 ADW 实例而言，初始的默认容量为 1 OCPU 和 1TB，最大可在线扩展至 128OCPU 和 128TB，并且 OCPU 和存储空间可单独进行扩展或缩容处理（见图 2-5）。需要注意的是，这里的 OCPU，按照 Oracle 官方的解释，对应的是 1 CPU Core。

至于自动缩放的功能，将在本章后面的内容中进行介绍。

目前，默认创建的 ADW 实例，其数据库版本为 18c，当然也可以选择图 2-6 中的预览版本 19c。至于"管理员身份证明"，这里其实就是设置 ADMIN 用户的密码。ADMIN 为 ADW 实例中权限最大的用户，在此处设置的密码，将会在后面使用 SQL Developer 连接到 ADW 时，下载对应的客户端身份证明（Wallet）（见图 2-6）。

配置数据库

始终免费 ⓘ

⬤ 仅显示"始终免费"配置选项

OCPU 计数

[1] ⬍

要启用的 CPU 核心数。可用核心数取决于租户的服务限制。

存储 (TB)

[1] ⬍

要分配的存储量。

☑ 自动缩放

允许系统在工作负载增加时最多使用三倍的预置核心。了解更多信息。

图 2-5　ADW 实例容量及自动缩放设置（AutoScaling）

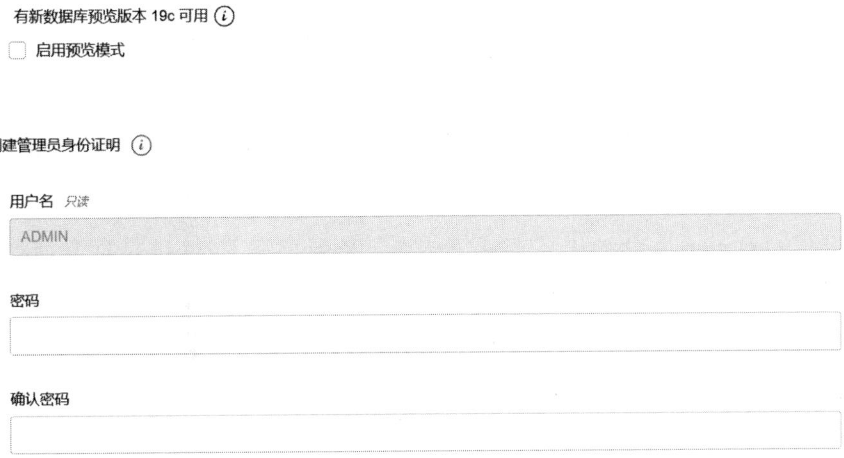

有新数据库预览版本 19c 可用 ⓘ

☐ 启用预览模式

创建管理员身份证明 ⓘ

用户名 只读

[ADMIN]

密码

[   ]

确认密码

[   ]

图 2-6　数据库版本及管理员身份证明设置

对于许可设置这部分内容，如果目前已经在使用 Oracle 数据库并有对应的许可证，则可以选择 BYOL（Bring Your Own License），否则就要订阅新的许可证了。当然，对于通过 Always Free 申请的用户而言，选择默认的 BYOL 即可（见图 2-7）。

注：在笔者与不少同行的交流中，发现很多人在申请到 ADW 之后，一时间不知道应该从何处入手来研究和学习 ADW。在这里，笔者推荐一个链接：https://apexapps. oracle.com/pls/apex/f?p=44785:50:0:::50:P50_EVENT_ID,P50_COURSE_ID:5925,251 。该链接中包含了 10 个与 ADW 相关的基础实验，其内容涵盖 ADW 连接、数据加载、

外部数据查询、ADW 监控、机器学习，以及简单的数据分析等知识；也包含了 SQL Developer 及 OAD（也称 DVD）等相关工具的下载。对 ADW 感兴趣的读者或同行可以从这里开始探索 ADW。

图 2-7　许可设置

2.2.2　使用 SQL Developer 连接到 ADW 实例

SQL Developer 是 Oracle 官方提供的 ADW 客户端工具，也是官方推荐的客户端工具。对于大量的 Oracle DBA 或开发人员而言，可能更熟悉的数据库客户端工具是 PL/SQL Developer 或 TOAD。SQL Developer 的界面和风格与 PL/SQL Developer 极为相似，因此使用起来也很容易上手。其连接到 ADW 实例的具体步骤如下。

（1）下载并安装 SQL Developer。

SQL Developer 的下载链接：https://www.oracle.com/tools/downloads/sqldev-v192-downloads.html。至于具体的安装并没有什么特别需要注意的地方，读者只需要根据自己的 OS 平台下载对应的版本，并按照提示一步步操作即可。

（2）在 ADW 实例中下载客户端身份证明。

首先进入到已经创建成功的 ADW 实例页面中，如图 2-8 所示。

单击"数据库连接"按钮，进入图 2-9 所示页面。

图 2-8　ADW 实例页面

图 2-9　"数据库连接"页面

　　在这里，我们要下载 Wallet，软件提供了两种类型的 Wallet：实例 Wallet 和区域 Wallet。这里下载实例 Wallet。如果选择了区域 Wallet，那么它将会包含多个 ADW 实例的 Wallet。当然，在这里下载时，需要提供此前为 ADMIN 用户创建的密码。

　　（3）在 SQL Developer 中创建新的数据库连接。

　　启动 SQL Developer，单击左上角"连接"选项卡下面的"+"，进入"新建数据库连接"对话框，如图 2-10 所示。

图 2-10　"新建数据库连接"对话框

按照图 2-10 所示的设置配置新的数据库连接。

（4）测试数据库连接并保存。

单击图 2-10 中的"测试"按钮，会显示"创建成功"，然后单击"保存"按钮。

接下来，右击 SQL Developer 左上角的 ADW_TEST，在弹出的快捷菜单中选择"连接"选项，就可以连接到我们创建的 ADW 实例上了。然后随便打开一个 SQL 窗口，执行几条简单的 SQL 查询。例如，先查看当前 ADW 数据库中的用户信息（见图 2-11）。

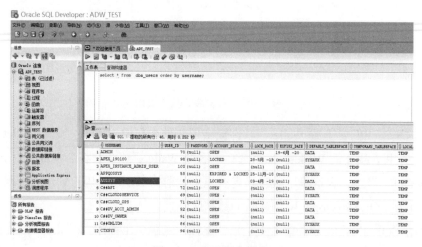

图 2-11　查看用户信息

再查看表空间信息（见图 2-12）。

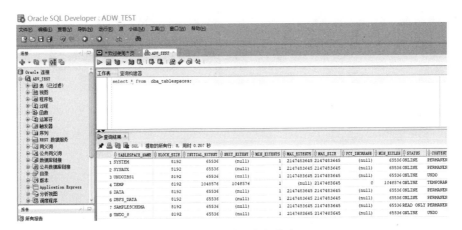

图 2-12　查看表空间信息

当然，我们也可以查看其他内容，看看它与本地的数据库有何差异。

2.3　ADW 实例的管理与监控

ADW 提供了功能丰富而又简单的监控和管理界面，通过简单的操作即可完成 ADW 实例的启/停、扩展及监控等任务。ADW 实例所在的底层平台和数据库实例及存储都是由 Oracle 公有云在后台自动管理的，因此对于用户而言，ADW 实例管理的任务就很少了。

如图 2-13 所示，在 ADW 实例管理的主界面中，Oracle 提供了"数据库连接""性能中心""服务控制台""纵向扩展/收缩""停止"，以及"操作"选项。我们在图 2-9 中已经看到了"数据库连接"对话框的内容及功能。接下来，我们将着重关注其他几个选项。

2.3.1　一般信息、标记与度量

自治数据库信息提供了 ADW 实例的一般信息，包括数据库名称，工作负载类型等诸多内容。需要注意的是自动缩放功能，在 ADW 实例创建阶段和创建后均可进行

设置。

图 2-13　ADW 实例管理的主界面——一般信息

在标记页面，可以为当前的 ADW 实例设置标记（见图 2-14）。我们可以为 Oracle 公有云中的所有资源都以 key:value 的格式设置其标记。标记可以在租户（Tenancy）之内跨区域（Compartment）进行资源使用情况的跟踪，从而生成相应的消费记录。

图 2-14　ADW 实例管理主界面——标记

注：可以参考如下链接来了解更多关于标记的相关知识 https://docs.cloud.oracle.com/iaas/Content/General/Concepts/resourcetags.html。

ADW 实例管理主界面的下半部分是与度量相关的内容（见图 2-15）。我们可以选定不同的时间段来查看多个度量值。默认情况下，该部分包含 6 个度量指标：CPU 占用率、存储使用率、会话数、执行计数、正在运行的语句，以及排队的语句。通过这些度量，我们可以清晰地查看到当前 ADW 实例的负载情况，并且在负载过重时进行资源扩容等操作。

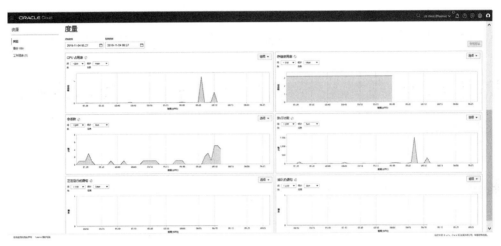

图 2-15　ADW 实例管理主界面——度量

当然，我们也可以单击任意度量右上角的"选项"按钮，然后在下拉菜单中选择"在度量浏览器中查看查询"选项，这样可以打开度量浏览器，如图 2-16 所示。

图 2-16　度量浏览器

在该页面中，我们可以进行更多操作，如在"预警状态"中创建预警，当 CPU 使用率过高时发出警告；或者在"健康检查"中创建新的健康检查，以通过 HTTP 或 ping 的方式，来检查当前实例的健康状态等。

2.3.2　性能中心

性能中心是对当前 ADW 实例的活动会话及 SQL 进行监控和分析的关键场所，其页面如图 2-17 所示。

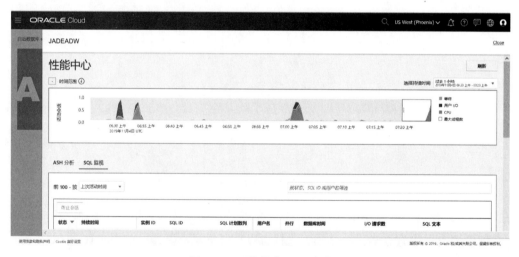

图 2-17　"性能中心"页面

性能中心包含两个关键内容：ASH 分析与 SQL 监视。有 Oracle 数据库 DBA 背景知识的读者应该都知道，ASH 代表的是什么。

在 ASH 分析页面中，可以按照不同的维度（等待事件相关维度、SQL 维度等）来查看历史的活动会话信息，当然，时间范围不能超过 7 天；还可以选择不同的图形来展示这些相关的内容，如图 2-18 所示。

在 SQL 监视页面中，可以查看最近执行过的和当前正在执行的一些 SQL 的信息，包括状态、持续时间、实例 ID、数据库时间，以及 I/O 请求数等信息，如图 2-19 所示。

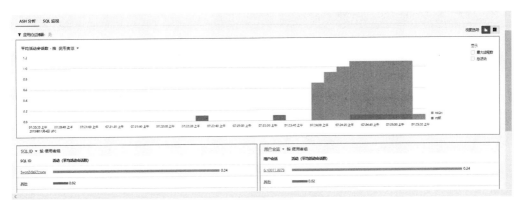

图 2-18　ASH 分析

图 2-19　SQL 监视

2.3.3　服务控制台

服务控制台包含 Overview、Activity、Administration、Development 4 部分。

在 Overview 页面（见图 2-20）中，展示了存储空间使用情况、CPU 使用率、当前正在执行的 SQL 数量、已分配的 OCPU 数量（这里该部分无内容显示，这是因为在打开自动缩放后，只有新分配的 OCPU 个数才会在这里显示），以及 SQL 语句的响应时间等信息。

在 Activity 页面（见图 2-21）中，可以看到当前数据库的活动信息，包括并发、CPU、系统 I/O 等信息，以及 CPU 信息、执行和查询的 SQL 语句等信息。当然在该页面中，除可以看到实时信息外，还可以选择时间周期，来查看某一时间段内的数据库活动信息，如图 2-22 所示。

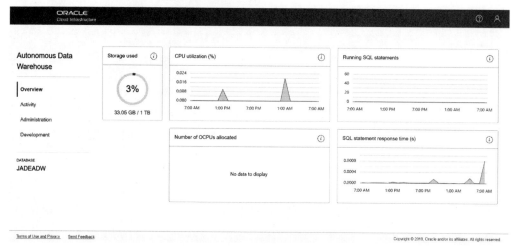

图 2-20　服务控制台——Overview

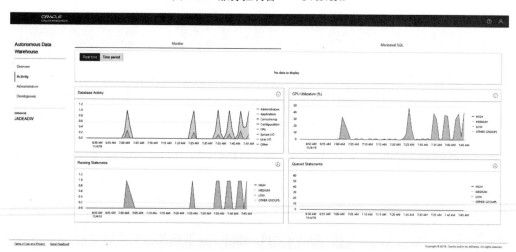

图 2-21　服务控制台——Activity

　　而在 Monitored SQL 标签下，可以看到当前执行过的一些 SQL 语句，如图 2-23 所示。

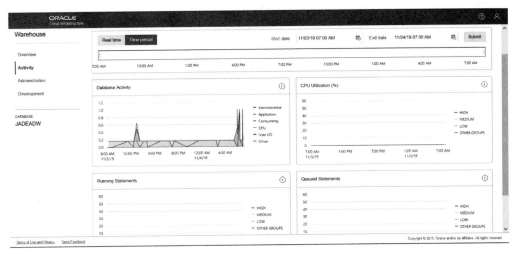

图 2-22　某一时间段内的数据库活动信息

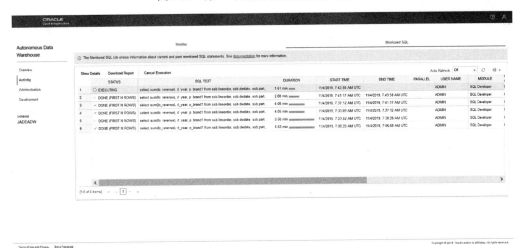

图 2-23　Monitored SQL 标签

选择任意一条 SQL 语句，即可进入图 2-24 所示页面，可以看到与 SQL 语句相关的诸多信息，其中关键的执行计划统计信息和度量信息等均可看到，分别如图 2-25和图 2-26 所示。当然也可以下载对应的 SQL 报告，或者删除当前 SQL 语句的本次执行。

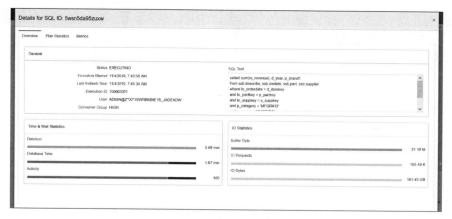

图 2-24　SQL 语句概要信息

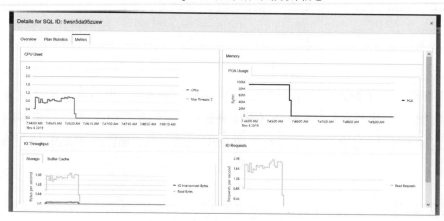

图 2-25　SQL 语句的执行计划统计信息

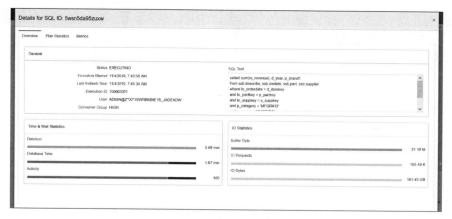

图 2-24　SQL 语句概要信息

图 2-25　SQL 语句的执行计划统计信息

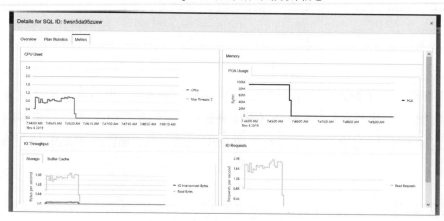

图 2-26　SQL 语句的度量信息

在 Administration 页面（见图 2-27）中，可以执行下载客户端身份证明（Wallet）、设置 ADMIN 用户的密码、设置资源管理规则、管理 Oracle ML SQL Notebook 用户，以及向 Oracle 发送反馈等操作。

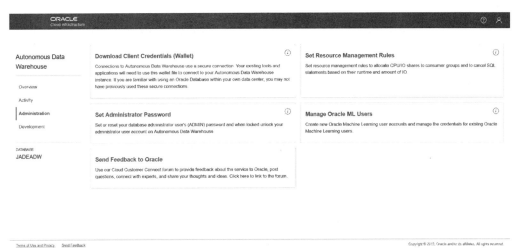

图 2-27　服务控制台——Administration

需要注意的是，在管理 Oracle ML 用户页面中，只能完成 Oracle ML 用户的创建，真正的 Oracle ML 功能的使用和开发，则在 Development 页面中实现。而在设置资源管理规则页面中，可以针对不同的消费者组（HIGH、MEDIUM、LOW，可以参考图 2-9，创建一个 ADW 实例后，Oracle 会默认创建 3 个 TNS 连接字符串，这 3 个连接字符串对应的消费者组分别为 HIGH、MEDIUM 和 LOW，本章稍后的内容将继续介绍这些设置）配置 SQL 可以运行的时间、IO 操作的数据量，以及 CPU/IO shares。

服务控制台中的最后一项 Development 页面（见图 2-28），包含了 ADW 的相关开发工具和技术，如 Oracle APEX、Oracle ML、RESTful 服务和 SODA，以及 Web 版的 SQL Developer，当然还有 Oracle 客户端下载。

注：关于 ADW 开发的相关内容将在本书第 2 部分介绍。

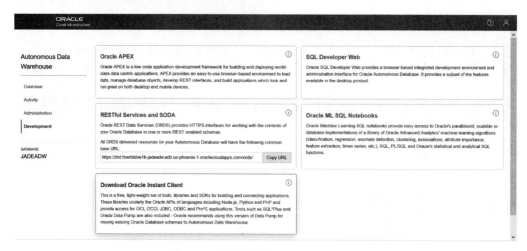

图 2-28　服务控制台——Development

2.3.4　纵向扩展/收缩

基于 Oracle 第二代公有云平台构建的 ADW，具备良好的在线纵向扩展/收缩能力，如图 2-29 所示。可以在 ADW 实例运行阶段，对 OCPU 或/和存储容量进行扩展/收缩。其中，OCPU 的可扩展范围为 1～128，存储容量可扩展范围为 1～128TB。当然，也可以勾选"自动缩放"复选框，这样，在实例负载过重时，OCPU 最大可扩展至当前数量的 3 倍。

注：关于自动缩放将在本章后面的内容中继续介绍。

图 2-29　服务控制台——纵向扩展/收缩

2.3.5　停止

服务控制台中的"停止"选项用于停止当前正在运行的 ADW 实例。当然，停止操作需要用户进行确认，如图 2-30 所示。

图 2-30　服务控制台——停止

2.3.6　操作

"操作"选项中提供了多种操作，如图 2-31 所示。

图 2-31　服务控制台——操作

我们可以通过两种方式进行还原操作：选择要还原到的目标时间戳或指定还原操作时要使用的备份。在默认情况下，Oracle ADW 是每天生成一次自动备份的。因此，如果选择了指定备份来进行还原操作，则需要注意备份时间。

"创建克隆"选项使我们可以基于当前的 ADW 实例来生成新的实例，可以选择完整克隆，即使用当前数据库的数据和元数据来创建新的数据库；也可以选择元数据克隆，即创建一个包含所有源数据库方案的元数据，但不包含源数据库数据的新数据库。"创建克隆"中的其他配置与创建新 ADW 实例时保持一致（可参考图 2-3 ~ 图 2-7）。

"访问控制列表"选项可以显示设置访问当前 ADW 实例的 IP 地址或 CIDR 块。

注：所谓的 CIDR，指的是 Classless Inter-Domain Routing，也就是无分类域间路由选择。它是一种用于给用户分配 IP 地址，同时在互联网上对 IP 数据包进行有效路由，并为 IP 进行分类的方法，通常称之为无分类编码。它将 IP 地址划分为网络前缀和主机号两部分，如 128.14.35.7/20。

"管理员密码"选项用于修改 ADMIN 用户的密码。

"更新许可证类型"选项，允许在创建 ADW 实例之后，修改其许可证的类型。

"移动资源"选项，允许在不同的区间移动 ADW 数据库与自动备份数据，与之相关联的资源不会随之移动。

"添加标记"选项，允许将一个或多个标记添加到当前的 ADW 实例上。

"终止"选项用于终止当前 ADW 实例，其实也就是删除实例。它用于 ADW 实例的永久性删除，在进行此操作时，需要输入数据库的名称来进行确认。

2.4 ADW 的技术特征

在 2.3 节中我们详细介绍了通过 Oracle 提供的 Web 管理界面，来完成 ADW 实例相关的一些操作。而在本节中，我们将侧重介绍一些与 Oracle ADW 相关的技术细节。对于具有技术背景的读者而言，可能会对这部分更感兴趣。

2.4.1 ADW 的部分技术指标

从技术层面上来讲，ADW 本质上也是一个数据库，但是一个包含了从底层 IT 基础架构到上层数据库，并具备完整的监控和管理功能的一体化数据库平台。这就让 ADW 与传统的本地数据库存在着根本性的差异。ADW 的部分技术指标如下。

（1）ADW 中的块大小为 8KB，与本地数据库保持一致。

（2）单个 ADW 实例的 OCPU 最大为 128 个，存储容量为 128TB。其中的 OCPU

对应于物理上的 CPU Core。

（3）数据库的字符集为 AL32UTF8。

（4）压缩特性默认启用。

（5）ADW 实例的监听端口为 1522。关于这一点，在前文提到的下载客户端身份证明（Wallet）时，将下载的.zip 文件解压缩，然后查看其中的 tnsnames.ora 文件即可知晓。

（6）ADW 的可用性为 99.995%。

（7）从性能上来说，ADW 比 AWS 的 Redshift 提升 14 倍。

（8）默认的 PCTFREE 为 1。这个很好理解，毕竟 ADW 的设计目标就是面向 DW 领域的。

（9）自动备份默认保留 60 天；每周进行一次全量备份，每天进行一次增量备份；支持手动备份；每 30 分钟自动备份一次归档日志。

（10）内置两个样例数据方案：SH 与 SSB（Star Schema Benchmark）。

2.4.2　初始化参数设置

与本地的数据库系统不同，由于 ADW 收回了 OS 和 SYSDBA 及 SYSTEM 等用户权限，因此 ADW 中只允许修改以下初始化参数。

- APPROX_FOR_AGGREGATION
- APPROX_FOR_COUNT_DISTINCT
- APPROX_FOR_PERCENTILE
- AWR_PDB_AUTOFLUSH_ENABLED
- FIXED_DATE
- NLS_CALENDAR
- NLS_COMP
- NLS_CURRENCY
- NLS_DATE_FORMAT
- NLS_DATE_LANGUAGE
- NLS_DUAL_CURRENCY

- NLS_ISO_CURRENCY

- NLS_LANGUAGE

- NLS_LENGTH_SEMANTICS

- NLS_NCHAR_CONV_EXCP

- NLS_NUMERIC_CHARACTERS

- NLS_SORT

- NLS_TERRITORY

- NLS_TIMESTAMP_FORMAT

- NLS_TIMESTAMP_TZ_FORMAT

- OPTIMIZER_CAPTURE_SQL_PLAN_BASELINES

- OPTIMIZER_IGNORE_HINTS

- OPTIMIZER_IGNORE_PARALLEL_HINTS

- PLSCOPE_SETTINGS

- PLSQL_CCFLAGS

- PLSQL_DEBUG

- PLSQL_OPTIMIZE_LEVEL

- PLSQL_WARNINGS

- STATISTICS_LEVEL

- TIME_ZONE

其中的 OPTIMIZER_CAPTURE_SQL_PLAN_BASELINES、STATISTICS_LEVEL 和 TIME_ZONE 只允许在会话级进行修改。如果想修改除上述参数之外的其他参数，如想修改 sga_target 的值：

```
alter system set sga_target = 7000M;
```

则 SQL Developer 会报如下错误：

```
在行: 1 上开始执行命令时出错 -
alter system set  sga_target = 7000M
错误报告 -
ORA-01031: 权限不足
01031. 00000 -  "insufficient privileges"
*Cause:    An attempt was made to perform a database operation without
           the necessary privileges.
```

```
*Action:  Ask your database administrator or designated security
          administrator to grant you the necessary privileges
```

注：关于 ADW 可修改的参数列表，可以参考 https://docs.oracle.com/en/cloud/paas/
autonomous-data-warehouse-cloud/adwud/experienced-database-users.html#GUID-93C962
12-9833-4C5C-8440-87534E6E21D9。

2.4.3 内存分配

细心的读者可能在之前的 ADW 实例申请时就注意到，那时并没有设置 ADW 实
例所使用的内存容量。Oracle 官方对此的说明是，Oracle 依据自己多年的实践经验，
已经为相应的 OCPU 配置了合适的内存容量，用户无须参与内存管理及相关参数的设
置。在 OCPU 随着系统的负载变化时，内存也会自动进行相应的调整。并且从 2.4.2 节
中也可以看到，所有与内存管理相关的参数，如 sga_target、memory_target 等，均是
无法修改的。

但是，我们依然可以通过 show parameter 的方式来查看 Oracle 在默认情况下，到
底为一个 ADW 实例分配了多少内存：

```
show parameter sga;
```
输出结果如下（省略了部分输出）：
```
NAME                             TYPE              VALUE
-------------------------------- ----------------- -------
lock_sga                         boolean           FALSE
sga_max_size                     big integer       300G
sga_min_size                     big integer       0
sga_target                       big integer       3400M
unified_audit_sga_queue_size     integer           1048576
```
然后我们再看 pga：
```
show parameter pga;
NAME                  TYPE          VALUE
--------------------- ------------- ----------
pga_aggregate_limit   big integer   10200M
pga_aggregate_target  big integer   5100M
```
当然还有与 memory 相关的参数：
```
show parameter memory;
```

```
NAME                      TYPE          VALUE
----------------------    -----------   -------
memory_max_target         big integer   0
memory_target             big integer   0
```

熟悉 Oracle 数据库内存设置的读者，就可以从上述输出结果中看出 Oracle 为单个 ADW 实例分配了多少内存，以及内存是如何进行管理的了。

如果我们将 OCPU 的数量在线扩容为 2 个，则内存会如何变化呢？当然，这种在线的伸缩，是在秒级时间内完成的。

此时上述 show parameter 语句的输出如下：

```
NAME                                TYPE           VALUE
-------------------------------     -------------  -------
lock_sga                            boolean        FALSE
sga_max_size                        big integer    300G
sga_min_size                        big integer    0
sga_target                          big integer    6800M
unified_audit_sga_queue_size        integer        1048576
pga_aggregate_limit                 big integer    20400M
pga_aggregate_target                big integer    10200M
```

可见 ，此时分配的 sga 和 pga 容量是翻了一倍的。

注：如果在申请 ADW 实例时，选择了 Always Free，则与这里介绍的情况会有所不同。对于 Always Free，无论申请的是 ADW 还是 ATP，其内存均固定为 8GB，OCPU 为 1 个，存储容量为 20GB。关于 Always Free 的更多详细内容，可参看：https://docs.oracle.com/en/cloud/paas/autonomous-data-warehouse-cloud/user/autonomous-always-free.html#GUID-03F9F3E8-8A98-4792-AB9C-F0BACF02DC3E。

2.4.4　并行处理

在默认情况下，ADW 实例中的并行执行处于启用状态。具体的并行度，则取决于 ADW 实例的 OCPU 个数，以及当连接到 ADW 实例时使用的 TNS 连接串（HIGH、MEDIUM 或 LOW）。

在单个 OCPU 的 ADW 实例中，与并行相关的初始化参数设置如下：

```
show parameter parallel;
```

```
NAME                               TYPE        VALUE
---------------------------------  ----------  --------
awr_pdb_max_parallel_slaves        integer     10
containers_parallel_degree         integer     65535
fast_start_parallel_rollback       string      LOW
optimizer_ignore_parallel_hints    boolean     TRUE
parallel_adaptive_multi_user       boolean     FALSE
parallel_degree_limit              string      CPU
parallel_degree_policy             string      AUTO
parallel_execution_message_size    integer     32768
parallel_force_local               boolean     FALSE
parallel_instance_group            string
parallel_max_servers               integer     12
parallel_min_degree                string      CPU
parallel_min_percent               integer     0
parallel_min_servers               integer     704
parallel_min_time_threshold        string      AUTO
parallel_servers_target            integer     12
parallel_threads_per_cpu           integer     1
recovery_parallelism               integer     0
```

对照 2.4.3 节的内容，可以知道上述参数都是不可修改的。

在默认情况下，并行 DML 也处于启用状态。当然可以在会话级禁用并行 DML：

```
ALTER SESSION DISABLE PARALLEL DML;
```

需要注意的一点是，如果在创建索引时指定了并行度，则在该索引创建完毕之后，该并行度将会保留。这会导致 SQL 会以不确定的并行方式进行执行操作。因此，Oracle 的建议是，当并行创建完索引后，可以使用如下语句来修改其并行度：

```
ALTER INDEX index_name NOPARALLEL;
```

或者：

```
ALTER INDEX index_name PARALLEL 1;
```

也就是说，Oracle 建议，具体 SQL 执行时的并行度设置由 ADW 实例自己决定，不建议用户参与。当然，如果我们在实际执行 SQL 时，手工设置了 parallel 相关的 hints，那么将会被 ADW 忽略：

```
show parameter optimizer_ignore;
NAME                               TYPE      VALUE
---------------------------------  -------   --------
optimizer_ignore_hints             boolean   TRUE
optimizer_ignore_parallel_hints    boolean   TRUE
```

不过，参考 2.4.2 节内容可以知道，这两个参数是可以调整的。

另外，对于并行操作，只有在 OCPU 个数大于 1，并且使用的是 MEDIUM 或 HIGH 消费者组时才有效。

2.4.5 RESULT CACHE

RESULT CACHE 是 Oracle 自 11g 版本开始引入的功能，用于在内存中缓存那些经常执行的 SQL 结果，从而提升 SQL 的执行效率。但这部分内容是需要 DBA 手工设置的。我们来看看在 ADW 中，RESULT CACHE 具体是如何设置的。

我们先来执行如下的 SQL 语句：

```
select sum(lo_extendedprice*lo_discount) as revenue
from ssb.lineorder, ssb.dwdate
where lo_orderdate = d_datekey
and d_yearmonthnum = 199401
and lo_discount between 4 and 6
and lo_quantity between 26 and 35;
```

注：上述 SQL 语句来源于链接 https://docs.oracle.com/en/cloud/paas/autonomous-data-warehouse-cloud/user/sample-queries.html#GUID-C7C6E2D0-CADA-4483-B26D-1BD5998A0EBA。在 ADW 中，Oracle 除提供传统的 SH 样例数据方案外，还提供了一个适用于数据仓库和数据分析的样例数据方案，也就是 SSB(Star Schema Benchmark)。这里的链接就是介绍 SSB 的。SSB 是一个极好的用于性能和压力测试的样例数据。

在第一次执行时，由于使用到的表中数据量较大，因此执行时间比较长，按照我们现在 1OCPU 的配置，一共执行了 18.333s。如果执行第二次，则执行时间明显减少，具体为 0.227s。此时，通过 ADW 的服务控制台中 monitored SQL，就可以看到执行计划中的 RESULT CACHE 字样，如图 2-32 所示。

可见，在 ADW 中，默认是启用了 RESULT CACHE 的。我们来看一下相关的参数设置：

```
show parameter result;
NAME                                 TYPE            VALUE
------------------------------------ --------------- --------
client_result_cache_lag              big integer     3000
```

```
client_result_cache_size              big integer     0
result_cache_max_result               integer         1
result_cache_max_size                 big integer     10M
result_cache_mode                     string          FORCE
result_cache_remote_expiration        integer         0
```

Details for SQL ID: 5uhavyyymffhh

Overview   Plan Statistics   Metrics

LINE	OPERATION	OBJECT NAME	ESTIMATED ROWS	ACTUAL ROWS	COST	TIMELINE	EXECUTIONS
0	SELECT STATEMENT			0			1
1	RESULT CACHE	7fj3a4apqmdwp3wc0c		0			1
2	SORT AGGREGATE		1	1			1
3	HASH JOIN		6 M	4 M	477 K		1
4	JOIN FILTER CREATE	:BF0000	31	31	2		1
5	TABLE ACCESS STORAGE FULL	DWDATE	31	31	2		1
6	JOIN FILTER USE	:BF0000	413 M	8 M	476 K		1
7	TABLE ACCESS STORAGE FULL	LINEORDER	413 M	8 M	476 K		1

图 2-32　执行计划中的 RESULT CACHE

不过在实际应用中，我们也可以使用/*+ no_result_cache */来避免使用 RESULT CACHE。这是因为有用户反映使用 RESULT CACHE 后，会影响部分 SQL 语句的性能。关于这一点，读者可自行验证。

另外，我们也知道，Oracle 从 12c 版本开始，引入了 In-Memory 特性。那么在 ADW 中，该特性是否还生效呢？读者可以查看相关参数，或者执行 SQL 语句并查看其执行计划来进行测试。

2.4.6　资源管理与并发管理

在前面的内容中，我们已经提到，当创建了一个 ADW 实例后，Oracle 就会默认生成 3 个 TNS 连接字符串，也就是用户创建的数据库名称加上 HIGH、MEDIUM 或 LOW。并且，这 3 个连接字符串，对应的分别是 HIGH、MEDIUM 和 LOW 3 个消费者组。而在 ADW 的服务控制台中，用户可以针对这 3 个消费者组进行不同的设置（见图 2-33），从而来控制系统资源的使用。

当然，也可以使用 cs_resource_manager.update_plan_directive 来手工设置这些规则，例如：

```
BEGIN
 cs_resource_manager.update_plan_directive(
     consumer_group => 'HIGH',
     io_megabytes_limit => 1000,
     elapsed_time_limit => 120);
END;
/
```

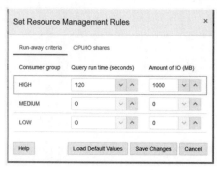

图 2-33　在 ADW 服务控制台中设置资源管理规则

如果想重置的话，则：

```
BEGIN
 cs_resource_manager.update_plan_directive(
     consumer_group => 'HIGH',
     io_megabytes_limit => null,
     elapsed_time_limit => null);
END;
/
```

对于 CPU/IO shares 也是如此（见图 2-34）。

图 2-34　在 ADW 中设置 CPU/IO shares

当然，也可以使用 cs_resource_manager.update_plan_directive 来进行设置：

```
BEGIN
  cs_resource_manager.update_plan_directive(
      consumer_group => 'HIGH', shares => 8);
  cs_resource_manager.update_plan_directive(
      consumer_group => 'MEDIUM', shares => 2);
  cs_resource_manager.update_plan_directive(
      consumer_group => 'LOW', shares => 1);
END;
/
```

注：关于 CPU/IO shares 等内容，可以参考笔者的译作《Oracle Database 12cR2 多租户权威指南》。

当用户通过不同的 TNS 连接字符串连接到 ADW 实例上时，使用的服务名不同，则用户的并发数量和单条 SQL 语句所使用的资源也具有相当大的差异。

- HGIH：为每条 SQL 语句都提供最高级别的资源，从而使得 SQL 语句能够获得最高性能，但支持的并发 SQL 语句数量最少。通过该服务连接到 ADW 实例的任何 SQL 语句都可以使用当前实例所有的 CPU 和 IO 资源。在此服务下，可运行的并发 SQL 语句的数量为 3，并且与 OCPU 个数无关。
- MEDIUM：为每条 SQL 语句提供较低级别的资源，因此可能会导致较低的性能表现，但可以支持更多的并发 SQL 语句。该服务下的任何 SQL 语句都可以使用当前实例的多个 OCPU 和 IO 资源。可以在此服务中运行的并发 SQL 语句数量取决于 OCPU 的数量。
- LOW：为每条 SQL 语句提供最低级别的资源，但可以支持最多数量的并发 SQL 语句。该服务中的任意 SQL 语句都可以使用当前实例的单个 OCPU 和多个 IO 资源。可以在该服务下运行的并发 SQL 语句的数量上限为 $100 \times$ OCPU 的个数。

2.4.7　表空间与存储限制

ADW 是自治式的，因此它在 OS 和数据库层面上有众多的限制。

- 不能访问数据库节点及其本地的文件系统。
- 默认的数据和临时表空间均由 ADW 自动配置。默认的数据表空间（用户）为 DATA。
- 不能访问 SYSTEM 和 SYSAUX 表空间。
- 不能删除、创建、修改表空间，无论是 smallfile，还是 bigfile。
- 不能使用 sys/system 用户。
- 不能访问 CDB$ROOT。

既然不能创建表空间，那么我们来看一下其数据文件的存放：

```
select file_name from dba_data_files;
FILE_NAME
-----------------------------------------------------------------
+DATA/EIR1POD/86149A27E39EF9AFE0531E10000AD6E9/DATAFILE/system.45
29.100823
+DATA/EIR1POD/86149A27E39EF9AFE0531E10000AD6E9/DATAFILE/sysaux.45
30.100823
+DATA/EIR1POD/86149A27E39EF9AFE0531E10000AD6E9/DATAFILE/undotbs1.
4528.1123
+DATA/EIR1POD/86149A27E39EF9AFE0531E10000AD6E9/DATAFILE/data.4526
.10051223
+DATA/EIR1POD/86149A27E39EF9AFE0531E10000AD6E9/DATAFILE/dbfs_data
.4527.123
+DATA/sampleschema_dbf
+DATA/EIR1POD/86149A27E39EF9AFE0531E10000AD6E9/DATAFILE/undo_8.45
32.12133
```

可知其底层数据存储使用的是 ASM，当然这也是意料之中的事情。

注：关于 ASM，读者可以参考笔者的译作《云端存储 Oracle ASM 核心指南》。

对于 redo 日志：

```
select con_id,group#,thread#,bytes/1024/1024/1024,members,status
from v$log order by 2;
```

CON_ID	GROUP#	THREAD#	BYTES/1024/1024/1024	MEMBERS	STATUS
0	1	1	31.25	2	INACTIVE
0	2	1	31.25	2	CURRENT
0	3	8	31.25	2	INACTIVE

0	4	8	31.25	2	CURRENT
0	5	7	31.25	2	INACTIVE
0	6	7	31.25	2	CURRENT
0	7	6	31.25	2	INACTIVE
0	8	6	31.25	2	CURRENT
0	9	5	31.25	2	CURRENT
0	10	5	31.25	2	INACTIVE
0	11	4	31.25	2	INACTIVE
0	12	4	31.25	2	CURRENT
0	13	3	31.25	2	CURRENT
0	14	3	31.25	2	INACTIVE
0	15	2	31.25	2	INACTIVE
0	16	2	31.25	2	CURRENT

这样，用户创建的 ADW 实例所在的具体环境，如是否为 RAC、有几个实例等，就基本清楚了。

注：关于 RAC 的相关知识，可以参考笔者的另一本译作《Oracle RAC 12.2 架构高可用数据库权威指南》。

2.4.8　手动备份

前文已经提到，ADW 会周期性地自动备份用户的 ADW 实例。但是，它也提供了手动备份的选项。用户可以使用该选项将数据备份到 Oracle 的 Object Storage 服务上，并且其默认的保留时间也为 60 天。

注：Oracle 的 Object Storage 服务，是基于 OCI（Oracle Cloud Infrastructure，Oracle 云基础架构，也就是 Oracle 的公有云，目前已进化到第二代）的云存储服务，主要用于存储各种非结构化数据。关于 OCI 及对象存储服务的更多内容，我们将在本书第 4 部分的第 8 章进行介绍。

参见图 2-15，单击左侧的"备份"选项，即可进入"备份"页面（见图 2-35）。
在该页面中，主要显示了当前 ADW 实例的自动备份情况，包括备份的显示名称、状态、类型，以及本次备份的启动和结束时间。当然，这里要进行手动备份。

需要注意的是，在备份操作期间，数据依然处于可用状态，但与 ADW 实例的生命周期相关的一些操作则会被禁止，如关闭、伸缩、停止等。

图 2-35　"备份"页面

单击"创建手动备份"按钮，进入如图 2-36 所示页面。

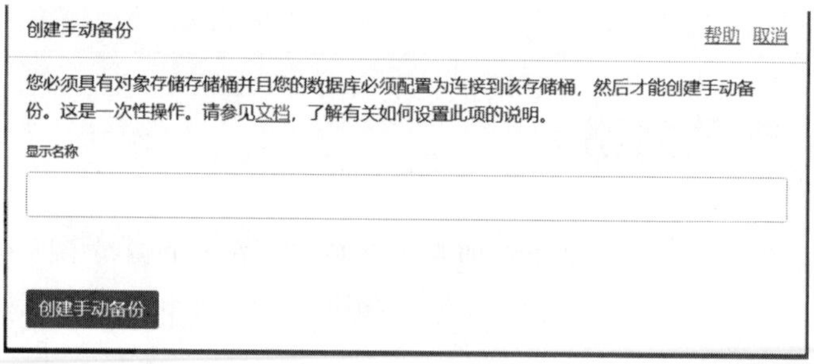

图 2-36　"创建手动备份"页面

注：除可以在这里介绍的控制台中创建手动备份外，还可以使用 REST API 来创建备份，可以参考 https://docs.cloud.oracle.com/iaas/Content/API/Concepts/ usingapi.htm。

注意图 2-36 所示页面中的说明，我们需要先在 Object Storage 中创建用于存储备份文件的存储桶。

不过在创建存储桶之前，还需要先创建访问凭证，这样 ADW 实例才能够访问指定的存储桶，具体步骤如下。

第一步，创建用户访问凭证。

首先，通过导航栏进入用户管理界面，如图 2-37 所示。

图 2-37　在导航栏中访问用户

在当前的用户管理界面中，找到自己对应的用户，单击用户名称进入如图 2-38 所示页面。

图 2-38　用户页面

然后单击左下角的"验证令牌"选项，来创建新的令牌，也就是用户访问凭证，如图 2-39 所示。

图 2-39 "验证令牌"页面

单击"生成令牌"按钮，弹出如图 2-40 所示页面。

图 2-40 "生成令牌"页面

系统会自动生成令牌，用户需要将生成的字符串复制，单独保存。

注：这里生成的令牌在关闭页面之后，就再也无法看到了。因此，用户需要妥善保存生成的字符串。

接下来，我们将使用这里生成的令牌和"你的用户名"来创建凭证，也就是 credential。在 SQL Developer 中执行如下代码：

```
begin
DBMS_CLOUD.create_credential(
credential_name => 'ADW_BKP_MANUAL',
username => '你的用户名',
password => '刚刚生成的令牌字符串'
);
end;
```

```
        /
```

待上述代码执行完毕，就可以看到生成的 credential：

```
select owner,credential_name, enabled
from SYS.dba_credentials where credential_name='ADW_BKP_MANUAL';
OWNER    CREDENTIAL_NAME        ENABLED
-------  -------------------    -------
ADMIN    ADW_BKP_MANUAL         TRUE
```

第二步，创建存储桶。

同样是通过导航栏，选择"对象存储"命令，如图 2-41 所示。

单击"创建存储桶"按钮，进入如图 2-42 所示页面。

图 2-41　"对象存储"页面　　　　　　　　图 2-42　"创建存储桶"页面

注意，这里的存储桶名称格式是固定的：bucket_你的数据库名称。

第三步，执行手动备份。

在进行最终的手动备份之前，还需要进行一个设置。因为当用户在 ADW 实例的控制台页面中单击"创建手动备份"按钮时，会发现只需要设置一个备份的名称即可。那么，ADW 如何知道用户要将这些手动备份生成的备份文件存放到哪里呢？因此，我们需要在 SQL Developer 中执行几条 SQL 语句，进行如下设置：

```
ALTER DATABASE PROPERTY SET default_bucket=
'https://swiftobjectstorage.us-phoenix-1.oraclecloud.com/v1/XXXXX
XXX';
ALTER DATABASE PROPERTY SET default_credential =
```

```
'ADMIN.ADW_BKP_MANUAL';
```

在这里，我们需要设置 ADW 实例默认使用的 bucket 和默认的 credential。执行完上述语句之后，我们查看一下执行结果：

```
select PROPERTY_VALUE
from database_properties
where PROPERTY_NAME in('default_credential','default_bucket');
property_value

--------------------------------------------------------------------

https://swiftobjectstorage.us-phoenix-1.oraclecloud.com/v1/
XXXXXXXX'
    ADMIN.ADW_BKP_MANUAL
```

注意，这里生成的默认的 bucket，也就是 default_bucket 参数，其值的格式为：

https://swiftobjectstorage.region.oraclecloud.com/v1/object_storage_namespace。

其中的 region，指的是用户当前所在的区域，我们这里是凤凰城；object_storage_namespace 指的是用户创建的存储桶所在的命名空间，这在用户创建存储桶时可以看到。

现在，我们终于可以执行手动备份了。回到图 2-36，输入备份的名称，单击"创建手动备份"按钮，如图 2-43 所示。

图 2-43　创建手动备份

待备份动作执行完毕，就可以看到生成的备份文件信息了。而在之前创建的存储桶中，也可以看到生成的多个备份文件的列表信息。

注：关于手动备份，也可以参考 https://docs.cloud.oracle.com/iaas/Content/Database/Tasks/adbbackingup.htm#creatingbucket。

2.4.9　自动缩放

自动缩放功能（可以参考图 2-5 或图 2-29）使得 ADW 实例的 OCPU 资源可以随着负载需求的变化而自动调整，从而使得系统能够更有效地使用 CPU 资源。随着需求的增加，自动缩放会逐渐增加 OCPU 的数量，直到是初始数量的 3 倍为止。同样，随着需求的下降，它也会逐渐减少 OCPU 的数量。当然，也可以随时增加或减少当前 ADW 实例的 OCPU 数量。并且，OCPU 的扩展并不会影响 ADW 实例的可用性或性能。不过，在使用自动缩放这一特性时，需要注意如下内容。

- 无论是否启用自动缩放功能，单个 ADW 实例可用的 OCPU 数量上限仍然为 128。也就是说，如果当前使用了 64 个 OCPU，则即使打开了自动缩放功能，Oracle 最多也就能将 OCPU 扩展为原来的 2 倍。如果使用了 42 个 OCPU，则可以扩展到 3 倍，这是因为 $42 \times 3 = 126 < 128$。
- 自动缩放功能可以随时启用或关闭。
- 数据库的自动缩放状态可以在服务控制台的相关页面上显示，可参考图 2-20。
- 启用自动缩放功能时，Oracle 会按照每小时的平均 OCPU 使用率来进行计费。

注：关于自动缩放，也可以参考 https://docs.oracle.com/en/cloud/paas/autonomous-data-warehouse-cloud/user/autonomous-auto-scale.html#GUID-27FAB1C1-B09F-4A7A-9FB9-5CB8110F7141。

2.4.10　对机器学习算法的支持

ADW 不仅在自身的技术实现和运维上大量使用了机器学习算法，并且 ADW 实例也提供了对诸多机器学习算法的支持。用户可以通过 ADW 提供的 package，或者 API 开发接口，或者使用 Oracle ML 等多种方式来使用这些机器学习算法。

具体来讲，ADW 支持的机器学习算法主要如下：

- 分类算法
  朴素贝叶斯

逻辑回归（GLM）

决策树

随机森林

神经网络

支持向量机

显式语义分析（ESA）

- 聚类算法

分层 K-均值算法

分层 O-聚类算法

期望最大化（EM）

- 异常检测算法

一分类支持向量机（one-class SVM）

- 时间序列算法

- 回归算法

线性模型

广义线性模型

逐步线性回归

- 属性重要性算法

最小描述长度（MDL）

主成分分析（PCA）

- 关联规则算法

先验/购物篮分析

- 特征提取算法

非负矩阵分解（NMF）

奇异值分解（SVD）

当然还有预测查询，SQL 分析函数及统计函数等。

注：关于机器学习算法等相关内容，我们将在第 5 章和第 3 部分继续介绍。

2.4.11　数据库特性方面的一些限制

在 ADW 中，如下的一些特性虽然支持，但是其功能上会受到一些限制：

- Oracle XML DB
- Oracle Text
- Oracle Spatial and Graph
- Oracle Application Express（APEX）
- Oracle Flashback

注：关于 Oracle APEX 的相关内容，我们将在第 2 部分的第 4 章介绍。

而如下特性则已被移除，不可使用：

- Oracle Real Application Testing
- Oracle Database Vault
- Database Resident Connection Pooling（DRCP）
- Oracle OLAP
- Oracle R Capabilities of Oracle Advanced Analytics
- Oracle Industry Data Models
- Oracle Tuning Pack
- Oracle Database Lifecycle Management Pack
- Oracle Data Masking and Subsetting Pack
- Oracle Cloud Management Pack for Oracle Database
- Oracle Multimedia
- Java in DB
- Oracle Workspace Manager

2.4.12　SQL 语句方面的一些限制

在 ADW 中，依然允许 Oracle 数据库中原有的大部分 SQL 语句。为了保证 ADW

实例及其所在环境的安全和性能稳定，有部分 SQL 语句会被禁止执行，而还有一部分
SQL 语句虽然可以执行，但是其某些选项则不能使用或受到限制。

如下的 SQL 语句在 ADW 中是不可用的：

- ADMINISTER KEY MANAGEMENT
- ALTER PROFILE
- ALTER TABLESPACE
- CREATE DATABASE LINK
- CREATE PROFILE
- CREATE TABLESPACE
- DROP TABLESPACE

不过对于 DBLINK 来说，虽然不能使用 CREATE 语句直接创建，但是可以在 ADW
实例中使用 DBMS_CLOUD_ADMIN.CREATE_DATABASE_LINK 来创建。

如下的 DDL 语句虽然在 ADW 中可用，但是其部分功能会受到限制：

- ALTER PLUGGABLE DATABASE
- ALTER DATABASE
- ALTER SESSION
- ALTER SYSTEM
- ALTER USER
- ALTER TABLE
- CREATE TABLE
- CREATE USER

注：关于可执行的 SQL 语句，但是其部分功能受限的具体内容，也可以参考
https://docs.oracle.com/en/cloud/paas/autonomous-data-warehouse-cloud/user/experienced-
database-users.html#GUID-791E7112-07F7-46F0-BD81-777C8FAD83A0。

2.4.13　数据类型方面的一些限制

如下的数据类型在 ADW 中不再支持，或者是其使用受到限制：

- Media type（其中 Oracle Multimedia 不再支持）
- Oracle Spatial and Graph type（支持但功能受限）

默认情况下，ADW 使用混合列压缩（HCC）功能，因此在对于那些使用了 HCC 功能的表而言，如下的数据类型不再支持：

- LONG
- LONG RAW

当然，ADW 作为一个完整的数据库平台，其技术特征，以及与本地数据库之间的差异，远非上述内容所能涵盖。因此在这里，笔者更多的是起一个抛砖引玉的作用，希望会有越来越多的数据库同行研究 ADW，从而将它的功能和性能更好地发挥出来。毕竟，至少在笔者的认知当中，ADW 是一款足够优秀的产品，并且它所体现出来的强大的自治能力，会是数据库技术未来的重要发展方向之一。

另外，需要特意说明的一点是，在本书的写作过程中，ADW 也在不断地发布新的功能和特性，因此在部分细节上可能会与本书所介绍的内容有所出入，敬请读者留意。当然，后面的 OAC 也是如此。

2.5 本章小结

在本章中，我们先从 ADW 实例的申请和管理入手，让读者熟悉 ADW 相关的基本操作，包括创建、扩容、监控、管理等。然后再从多个方面深入学习 ADW 相关的一些技术特性。虽然 ADW 本身也可以算作一个数据库，但因为其一体化管理的特性，以及它是在 Oracle 公有云上实现的一种服务，所以它与本地的 Oracle 数据库之间有着巨大的差异。了解了这些差异，无疑有助于读者充分理解和更好地使用 ADW。

在第 3 章中，我们将介绍如何把数据加载到 ADW 中，以便读者后续可以对这些数据进行查询或分析工作。

第 3 章

数 据 加 载

现在，我们已经有了一个 ADW 实例，那么下面就可以做一些研究，或者是将其投入使用了。当然，在使用之前，我们需要将数据先加载到 ADW 实例中。在本章中，我们将介绍多种数据加载的方法。各位读者可以根据自己的实际需求，选择合适的数据加载方法。

3.1 加载文本

第一步，我们需要在 ADW 中先创建对应的目标表（这里假设为 CHANNELS）。

注：本章使用的部分样例数据，可以从如下链接下载 https://github.com/millerhoo/journey4-adwc/blob/master/workshops/journey4-adwc/files/datafiles.zip。

在 SQL Developer 中执行如下 SQL 命令：

```
DROP TABLE CHANNELS;
CREATE TABLE CHANNELS (
  CHANNEL_ID NUMBER(6) NOT NULL,
  CHANNEL_DESC VARCHAR2(20) NOT NULL,
  CHANNEL_CLASS VARCHAR2(20) NOT NULL,
  CHANNEL_CLASS_ID NUMBER(6) NOT NULL,
```

```
CHANNEL_TOTAL VARCHAR2(13) NOT NULL,
CHANNEL_TOTAL_ID NUMBER(6) NOT NULL);
```

这里需要注意的是，从第 2 章开始到现在，我们并没有创建其他用户，因此这里创建的 CHANNELS 表，其实是在 ADMIN 方案下面的。从 DBA 的角度来讲，其实我们应该先创建普通用户，然后在该用户下创建业务数据表。

并且，在使用 CREATE TABLE 语句来创建表时，参考 2.4.12 节，该语句的如下选项将会被忽略：

- PHYSICAL_PROPERTIES
- LOGGING_CLAUSE
- INMEMORY_TABLE_CLAUSE
- ILM_CLAUSE
- ORGANIZATION INDEX
- ORGANIZATION EXTERNAL
- CLUSTER
- LOB_STORAGE_CLAUSE

当然，即使我们使用 ADMIN 用户创建了 CHANNELS 表，该表的数据也依然不会存放到 SYSTEM 或 SYSAUX 表空间中，还是在默认的用户表空间，即 DATA 中。

例如：

```
SELECT OWNER,TABLE_NAME,TABLESPACE_NAME,STATUS
FROM DBA_TABLES WHERE TABLE_NAME='CHANNELS';
```

输出结果如下：

```
OWNER    TABLE_NAME    TABLESPACE_NAME      STATUS
------   ----------    ---------------      -------
SH       CHANNELS      SAMPLESCHEMA         VALID
ADMIN    CHANNELS      DATA                 VALID
```

第二步，使用 SQL Developer 的数据导入向导来加载数据。

我们这里要导入的原始数据格式如图 3-1 所示。

在 SQL Developer 中导入数据，如图 3-2 所示。

这样，我们就进入了数据导入向导，如图 3-3 所示。

源选择本地文件，然后指定要导入的文件，并确认数据格式及文件内容后，单击"下一步"按钮。

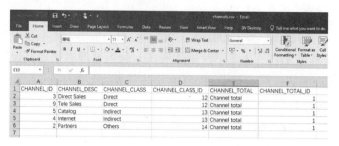

图 3-1　要导入的原始数据格式

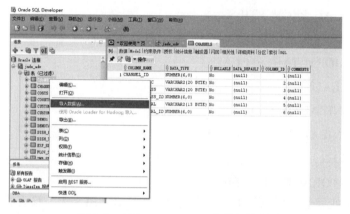

图 3-2　在 SQL Developer 中导入数据

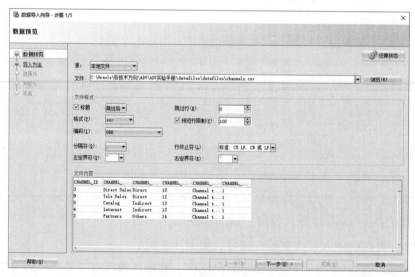

图 3-3　数据导入向导

这里的导入方法选择"插入"选项，当然在这里也可以选择要导入的行数限制，如图 3-4 所示。

图 3-4　导入方法选择

接下来，就要确定导入的列了，如图 3-5 所示。

图 3-5　选择列

进入"列定义"对话框，如图 3-6 所示。

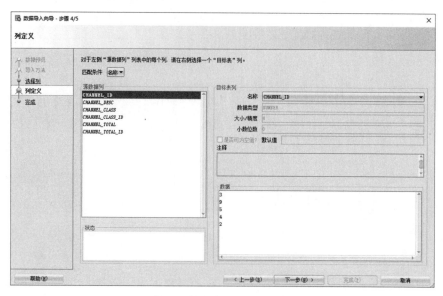

图 3-6 "列定义"对话框

进入"完成"对话框，确认信息之后，单击"完成"按钮，如图 3-7 所示。

图 3-7 "完成"对话框

这样就完成了数据导入任务，如果数据量较大，则需要等待一段时间。

注：在加载文本格式的原始数据时，有时会出现乱码的现象。可以在将其另存为时设置其字符集为 UTF-8，然后再重新导入数据即可。

3.2 使用 Oracle 对象存储将数据加载到 ADW 中

第一种加载方法适用于数据量不太大的情况，并且熟悉 PL/SQL Developer 的 DBA 也都熟悉这种数据加载方法。如果数据量较大，则需要考虑其他方法了。我们在这里会用到 Oracle 的 Object Storage 云服务，通过先将数据上传到 Oracle 对象存储服务，然后再加载到 ADW 中。

第一步，在对象存储服务中创建存储桶并上传数据。

关于存储桶创建的具体步骤，我们在 2.4.8 节中已经介绍，这里不再赘述。我们新创建的存储桶名称为 jade_obj，如图 3-8 所示。

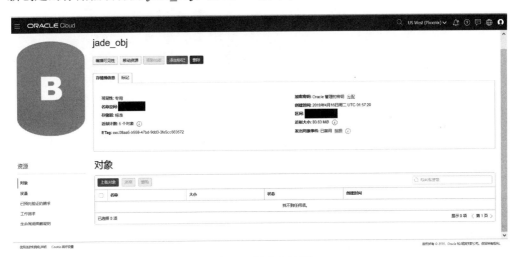

图 3-8　创建存储桶

然后单击"上载对象"按钮，这里我们将上传 3 个不同内容的文件，以便详细介绍不同的数据处理方式。上传的 3 个文件分别为 customers.csv、products.txt 和 sales.csv.gz。其中，customers.csv 的内容是以"｜"作为字段分隔符的 csv 文件；

products.txt 是以 JSON 格式存储的文本文件；而 sales.csv.gz 是以 gz 压缩格式存储的 csv 文件。这 3 个文件的内容样例如图 3-9 ~ 图 3-11 所示。

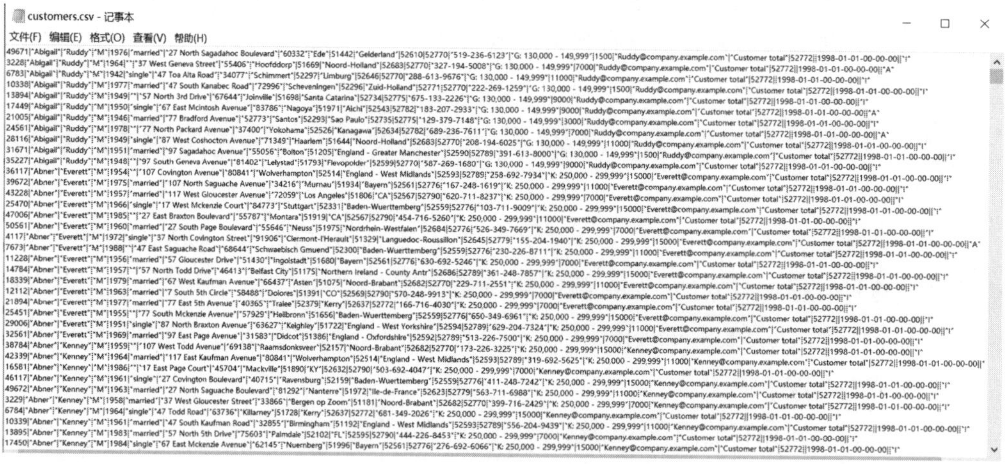

图 3-9　customers.csv 内容样例

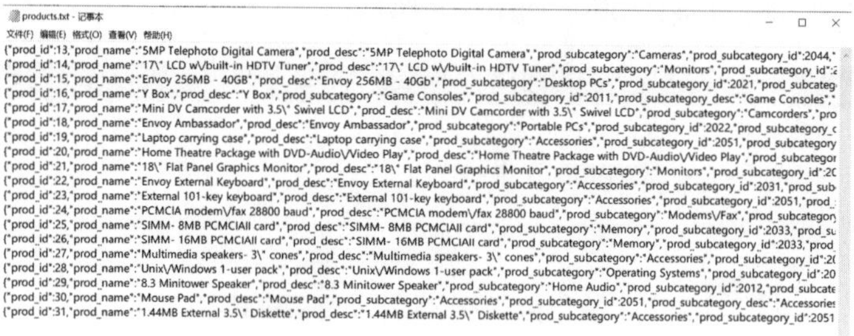
products.txt - 记事本
文件(F) 编辑(E) 格式(O) 查看(V) 帮助(H)

```
{"prod_id":13,"prod_name":"5MP Telephoto Digital Camera","prod_desc":"5MP Telephoto Digital Camera","prod_subcategory":"Cameras","prod_subcategory_id":2044,"
{"prod_id":14,"prod_name":"17\" LCD w\/built-in HDTV Tuner","prod_desc":"17\" LCD w\/built-in HDTV Tuner","prod_subcategory":"Monitors","prod_subcategory_id":2
{"prod_id":15,"prod_name":"Envoy 256MB - 40GB","prod_desc":"Envoy 256MB - 40Gb","prod_subcategory":"Desktop PCs","prod_subcategory_id":2021,"prod_subcateg
{"prod_id":16,"prod_name":"Y Box","prod_desc":"Y Box","prod_subcategory":"Game Consoles","prod_subcategory_id":2011,"prod_subcategory_desc":"Game Consoles","
{"prod_id":17,"prod_name":"Mini DV Camcorder with 3.5\" Swivel LCD","prod_desc":"Mini DV Camcorder with 3.5\" Swivel LCD","prod_subcategory":"Camcorders","pro
{"prod_id":18,"prod_name":"Envoy Ambassador","prod_desc":"Envoy Ambassador","prod_subcategory":"Portable PCs","prod_subcategory_id":2022,"prod_subcategory_c
{"prod_id":19,"prod_name":"Laptop carrying case","prod_desc":"Laptop carrying case","prod_subcategory":"Accessories","prod_subcategory_id":2051,"prod_subcategory
{"prod_id":20,"prod_name":"Home Theatre Package with DVD-Audio\/Video Play","prod_desc":"Home Theatre Package with DVD-Audio\/Video Play","prod_subcategor
{"prod_id":21,"prod_name":"18\" Flat Panel Graphics Monitor","prod_desc":"18\" Flat Panel Graphics Monitor","prod_subcategory":"Monitors","prod_subcategory_id":20
{"prod_id":22,"prod_name":"Envoy External Keyboard","prod_desc":"Envoy External Keyboard","prod_subcategory":"Accessories","prod_subcategory_id":2031,"prod_sub
{"prod_id":23,"prod_name":"External 101-key keyboard","prod_desc":"External 101-key keyboard","prod_subcategory":"Accessories","prod_subcategory_id":2051,"prod_
{"prod_id":24,"prod_name":"PCMCIA modem\/fax 28800 baud","prod_desc":"PCMCIA modem\/fax 28800 baud","prod_subcategory":"Modems\/Fax","prod_subcategory
{"prod_id":25,"prod_name":"SIMM- 8MB PCMCIAII card","prod_desc":"SIMM- 8MB PCMCIAII card","prod_subcategory":"Memory","prod_subcategory_id":2033,"prod_su
{"prod_id":26,"prod_name":"SIMM- 16MB PCMCIAII card","prod_desc":"SIMM- 16MB PCMCIAII card","prod_subcategory":"Memory","prod_subcategory_id":2033,"prod
{"prod_id":27,"prod_name":"Multimedia speakers- 3\" cones","prod_desc":"Multimedia speakers- 3\" cones","prod_subcategory":"Accessories","prod_subcategory_id":20
{"prod_id":28,"prod_name":"Unix\/Windows 1-user pack","prod_desc":"Unix\/Windows 1-user pack","prod_subcategory":"Operating Systems","prod_subcategory_id":20
{"prod_id":29,"prod_name":"8.3 Minitower Speaker","prod_desc":"8.3 Minitower Speaker","prod_subcategory":"Home Audio","prod_subcategory_id":2012,"prod_subcate
{"prod_id":30,"prod_name":"Mouse Pad","prod_desc":"Mouse Pad","prod_subcategory":"Accessories","prod_subcategory_id":2051,"prod_subcategory_desc":"Accessories
{"prod_id":31,"prod_name":"1.44MB External 3.5\" Diskette","prod_desc":"1.44MB External 3.5\" Diskette","prod_subcategory":"Accessories","prod_subcategory_id":2051
```

图 3-10　products.txt 内容样例

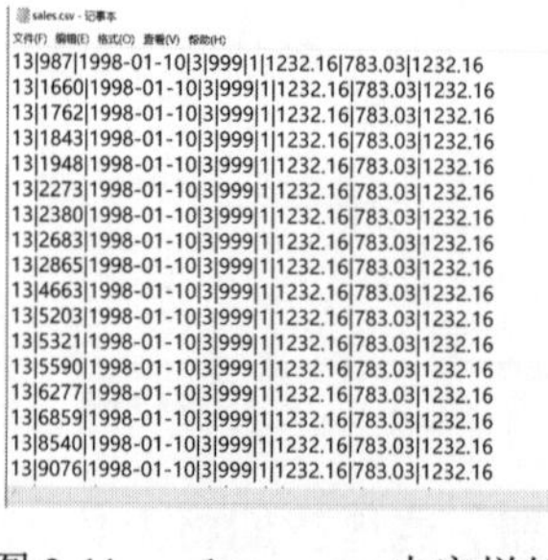
sales.csv - 记事本
文件(F) 编辑(E) 格式(O) 查看(V) 帮助(H)

```
13|987|1998-01-10|3|999|1|1232.16|783.03|1232.16
13|1660|1998-01-10|3|999|1|1232.16|783.03|1232.16
13|1762|1998-01-10|3|999|1|1232.16|783.03|1232.16
13|1843|1998-01-10|3|999|1|1232.16|783.03|1232.16
13|1948|1998-01-10|3|999|1|1232.16|783.03|1232.16
13|2273|1998-01-10|3|999|1|1232.16|783.03|1232.16
13|2380|1998-01-10|3|999|1|1232.16|783.03|1232.16
13|2683|1998-01-10|3|999|1|1232.16|783.03|1232.16
13|2865|1998-01-10|3|999|1|1232.16|783.03|1232.16
13|4663|1998-01-10|3|999|1|1232.16|783.03|1232.16
13|5203|1998-01-10|3|999|1|1232.16|783.03|1232.16
13|5321|1998-01-10|3|999|1|1232.16|783.03|1232.16
13|5590|1998-01-10|3|999|1|1232.16|783.03|1232.16
13|6277|1998-01-10|3|999|1|1232.16|783.03|1232.16
13|6859|1998-01-10|3|999|1|1232.16|783.03|1232.16
13|8540|1998-01-10|3|999|1|1232.16|783.03|1232.16
13|9076|1998-01-10|3|999|1|1232.16|783.03|1232.16
```

图 3-11　sales.csv.gz 内容样例

上述文件上传完成后存储桶中的结果如图 3-12 所示。

图 3-12　存储桶中的结果

第二步，创建目标表。

在 SQL Developer 中执行如下 SQL 语句：

```
DROP TABLE SALES;
DROP TABLE CUSTOMERS;
DROP TABLE PRODUCTS_JSON_EXT;

CREATE TABLE SALES (
 PROD_ID NUMBER NOT NULL,
 CUST_ID NUMBER NOT NULL,
 TIME_ID DATE NOT NULL,
 CHANNEL_ID NUMBER(6) NOT NULL,
 PROMO_ID NUMBER NOT NULL,
 QUANTITY_SOLD NUMBER(10,2) NOT NULL,
 AMOUNT_SOLD NUMBER(10,2) NOT NULL);

CREATE TABLE CUSTOMERS (
 CUST_ID NUMBER NOT NULL,
 CUST_FIRST_NAME VARCHAR2(20) NOT NULL,
 CUST_LAST_NAME VARCHAR2(40) NOT NULL,
 CUST_GENDER CHAR(1) NOT NULL,
 CUST_YEAR_OF_BIRTH NUMBER(4) NOT NULL,
 CUST_MARITAL_STATUS VARCHAR2(20) ,
 CUST_STREET_ADDRESS VARCHAR2(40) NOT NULL,
 CUST_POSTAL_CODE VARCHAR2(10) NOT NULL,
 CUST_CITY VARCHAR2(30) NOT NULL,
 CUST_CITY_ID NUMBER NOT NULL,
 CUST_STATE_PROVINCE VARCHAR2(40) NOT NULL,
 CUST_STATE_PROVINCE_ID NUMBER NOT NULL,
 COUNTRY_ID NUMBER NOT NULL,
 CUST_MAIN_PHONE_NUMBER VARCHAR2(25) NOT NULL,
```

```
CUST_INCOME_LEVEL VARCHAR2(30) ,
CUST_CREDIT_LIMIT NUMBER ,
CUST_EMAIL VARCHAR2(50) ,
CUST_TOTAL VARCHAR2(14) NOT NULL,
CUST_TOTAL_ID NUMBER NOT NULL,
CUST_SRC_ID NUMBER ,
CUST_EFF_FROM DATE ,
CUST_EFF_TO DATE ,
CUST_VALID VARCHAR2(1) );
```

第三步，对于存储在存储桶中不同格式的数据，我们接下来采用不同的方式将数据加载到 ADW 中。当然，有一种方法是无须进行数据加载的，那就是外部表。

我们先来处理 customers.csv 文件。这里我们依然使用 SQL Developer 的数据导入向导，只不过采用的是从云端加载的方式。

在加载之前，我们先要获取存储在存储桶中的 customers.csv 文件的 URL。具体操作如图 3-13 所示。

图 3-13　获取存储桶中对象的 URL

单击"查看对象详细信息"按钮，即可看到对象的 URL，如图 3-14 所示。

图 3-14　对象的 URL

接下来，我们进入到 SQL Developer 中的数据导入向导（因为我们之前已经创建了 customers 表，因此需要在 SQL Developer 左侧的导航栏中，在 customers 表上右击，进入数据导入向导），如图 3-15 所示。

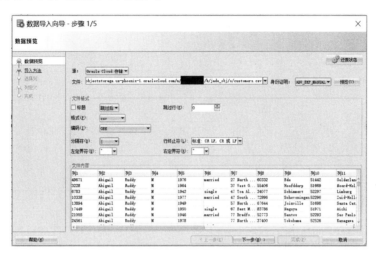

图 3-15　从云端加载数据

注意，这里的源选择 Oracle Cloud 存储，文件选择刚刚获取的对象的 URL，身份证明则选择我们之前创建的 credential：ADW_BKP_MANUAL。当然，重新创建一个令牌也可以，但是每个用户可以创建的令牌个数是有限制的。在图 3-15 中的文件格式部分，取消勾选"标题"复选框，因为我们这里加载的文件中不包含标题。然后将分隔符改为"｜"。最后单击"预览"按钮查看数据格式是否正确。

后面的操作步骤就与 3.1 节中的过程一样了。不过在数据导入向导的列定义步骤中，用户需要将列 21 和列 22 的格式修改为 YYYY-MM-DD-HH24-MI-SS。其他步骤这里不再赘述，各位读者自行操作即可。

接下来，我们来使用 DBMS_CLOUD 这个由 Oracle 提供的 package 来处理 sales.csv.gz 文件。

在 SQL Developer 中执行如下命令：

```
define base_URL=
    'https://objectstorage.us-phoenix-1.oraclecloud.com/n/命名空间
/b/jade_obj/o'
    define sales_dat_URL = '&base_URL/sales.csv.gz';
```

```
begin
 dbms_cloud.copy_data(
     table_name =>'SALES',
     credential_name =>'ADW_BKP_MANUAL',
     file_uri_list => '&sales_dat_URL',
     format => json_object('ignoremissingcolumns' value 'true',
                           'removequotes' value 'true',
                           'dateformat' value 'YYYY-MM-DD',
                           'blankasnull' value 'true',
                           'compression' value 'gzip')
 );
end;
/
```

这里我们使用了 copy_data 将数据加载到 ADW 中。

注：关于 DBMS_CLOUD 这一 package 及 copy_data 过程中各个参数的详细解释，可以参考 https://docs.oracle.com/en/cloud/paas/autonomous-data-warehouse-cloud/user/dbmscloud-reference.html#GUID-52C9974C-D95E-4E41-AFBD-0FC4065C029A。

而对于最后一个文件 products.txt，我们将使用外部表的方式进行处理，在 SQL Developer 中执行如下命令：

```
define base_URL=
'https://objectstorage.us-phoenix-1.oraclecloud.com/n/命名空间
/b/jade_obj/o';
define products_dat_URL = '&base_URL/products.txt';

begin
 dbms_cloud.create_external_table(
     table_name =>'PRODUCTS_JSON_EXT',
     credential_name =>'ADW_BKP_MANUAL',
     file_uri_list =>'&products_dat_URL',
     format => json_object('ignoremissingcolumns' value 'true',
                           'removequotes' value 'true'),
 column_list => 'DOC VARCHAR2(4000)'
 );
```

```
end;
/
```

在这里，我们将 products.txt 中的 JSON 格式的数据以外部表的形式进行处理。这样，数据虽然还是存储在存储桶中，但是我们可以在 ADW 中进行访问和使用。

3.3 dump 文件加载

前面提到的两种方法，适用于将非数据库中的数据加载到 ADW 中。如果是用户本地数据库中的数据，则可以考虑其他处理方式。本章在稍后的内容中，将会为读者介绍这种处理方法。本节首先处理来自于本地 Oracle 数据库导出的 dump 文件。这里采用的方法依然是使用 SQL Developer。

注：对于 Oracle DBA 及开发人员而言，通常来说，要连接到用户本地或远程的数据库时，一般使用的是 PL/SQL Developer 或 TOAD 这样的工具。但是在云计算的时代，当用户想连接到 ADW 或 ATP 时，Oracle 建议用户使用 SQL Developer。

打开 SQL Developer，在左下角的 DBA 窗口中单击"+"按钮，选择用户要使用的数据库连接，我们这里选择之前创建的 ADW_TEST，如图 3-16 所示。

图 3-16 选择连接

选择数据泵，并在数据泵上右击，在弹出的快捷菜单中选择"数据泵导入向导"选项，如图 3-17 所示。

我们这里使用的导入文件为 EXPDAT_sampl.DMP。当然，用户需要将该 dump 文件先上传到 Oracle 的 Object Storage 所创建的存储桶中，并获取其 URL。

在图 3-17 中，身份证明或目录部分，我们选择之前创建的 credential，也就是 ADW_BKP_MANUAL；文件名或 URI 选择 EXPDAT_sampl.DMP。然后单击"下一步"按钮。之后的步骤，读者只需要按照向导的提示，逐步完成即可。

图 3-17　选择"数据泵导入向导"选项

3.4　使用 Kettle 进行数据加载

上面描述的几种数据加载方法基本都是一次性的。但是，如果想从各种本地数据库中将数据加载到 ADW 中的话，也就是说，需要周期性地进行数据加载，那么各种 ETL 工具可能就是首选了。ADW 支持市面上常见的各种 ETL 工具。我们这里以开源的 ETL 工具 Kettle 为例，介绍这类使用 ETL 工具的数据加载方法。这里选择的数据源为 Oracle 12.2.0.1 数据库。

注：关于 ADW 支持哪些常用的 ETL 工具，可以参考 2.1 节中的内容。

3.4.1　相关软件的下载与安装

为了让 Kettle 能够顺利工作，需要下载如下软件：

- JKD 1.8

- JCE
- Oracle 数据库客户端（可选）
- Kettle

如果用户的 Kettle 和要抽取的数据库在同一台机器上，则 Oracle 数据库客户端就为可选的。这里的 JCE，其实就是 Java Cryptography Extension。它是一组包（里面包含 local_policy.jar、US_export_policy.jar 两个文件），提供加密、密钥生成和协商，以及 MAC（Message Authentication Code）算法的框架和实现等功能。

其中，JDK 1.8 的下载链接如下：

https://www.oracle.com/technetwork/java/javase/downloads/index.html。

我们这里下载 8u231 版本，如图 3-18 所示。

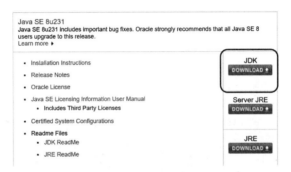

图 3-18 下载 JDK 1.8

JCE 的下载链接如下：

https://www.oracle.com/technetwork/java/javase/downloads/jce8-download-2133166.html。

下载 JCE 页面如图 3-19 所示。

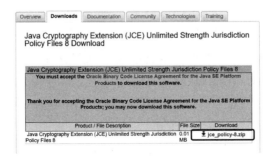

图 3-19 下载 JCE

Oracle 数据库客户端下载链接如下：

https://www.oracle.com/database/technologies/instant-client/downloads.html，只需要根据自己的数据库版本下载对应的介质即可。

Kettle 的下载链接如下：

https://community.hitachivantara.com/s/article/data-integration-kettle，其下载页面如图 3-20 所示。

图 3-20　Kettle 下载页面

在将上述所需介质下载完毕后，我们就可以进行安装了。先安装 JDK 1.8，注意当安装完毕后，在 Windows 命令行中检查一下，如图 3-21 所示。

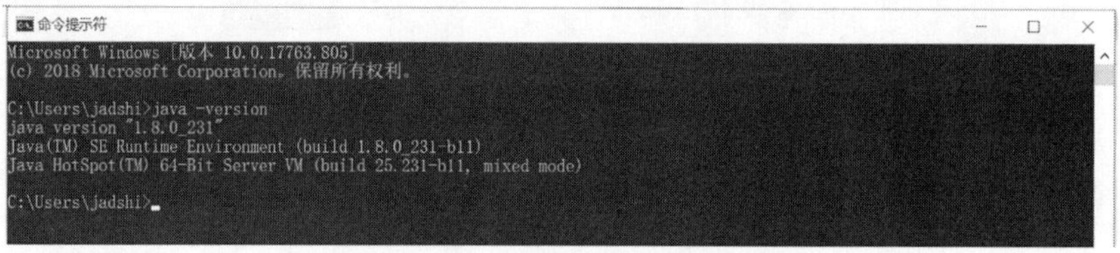

图 3-21　检查已安装的 JDK 版本

将 JCE 解压，并将解压的文件复制到 C:\Program Files\Java\jdk1.8.0_231\jre\lib\security 目录下（也就是 JDK 的安装目录，这里是笔者自己的安装目录）。

接下来，将在 2.2.2 节中下载的 Wallet 解压到数据库所在的 network/admin 目录下。如果在用户的环境中，Kettle 是和数据库客户端部署在同一台机器上的，则操作也是如此。若 network 下没有 admin 目录，则先创建它。笔者的路径为 C:\app\jadshi\virtual\product\12.2.0\dbhome_1\network\admin\Wallet_jadeadw。

然后修改 sqlnet.ora 文件，将 WALLET_LOCATION 中的选项 METHOD_DATA 设置为当前路径，如图 3-22 所示。

这里要将两个文件从数据库目录复制到 Kettle 的安装目录：一个是 ocijdbc12.dll，另一个是 ojdbc8.jar。这里以笔者的安装环境为例。

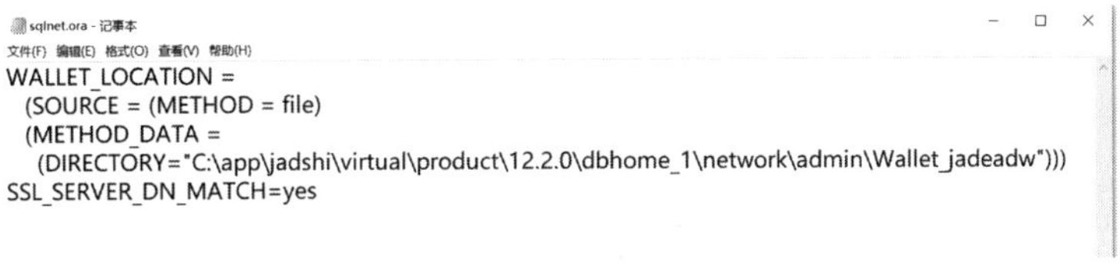

图 3-22 Wallet 路径设置

ocijdbc12.dll 需要从 C:\app\jadshi\virtual\product\12.2.0\dbhome_1\bin 中复制到 C:\Kettle\pdi-ce-8.3.0.0-371\data-integration\libswt\win64 目录下。

ojdbc8.jar 需要从 C:\app\jadshi\virtual\product\12.2.0\dbhome_1\jdbc\lib 中复制到 C:\Kettle\pdi-ce-8.3.0.0-371\data-integration\libswt\win64 目录下。

下面设置环境变量。这里需要设置 JAVA_HOME、TNS_ADMIN 和 PATH 这 3 个环境变量，如图 3-23 ~ 图 3-25 所示（注意，这里是笔者的设置环境，各位读者需要根据自己具体的软件安装路径进行相应调整）。

图 3-23 JAVA_HOME 环境变量设置

图 3-24 TNS_ADMIN 环境变量设置

图 3-25 PATH 环境变量设置

当然，系统变量中的 PATH 也要添加，如图 3-26 所示。

图 3-26　系统变量 PATH 的设置

3.4.2　将数据加载到 ADW 中

在 Kettle 的解压目录中进入 data-integration 文件夹，双击 Spoon.bat 文件即可启动 Kettle，其主界面如图 3-27 所示。

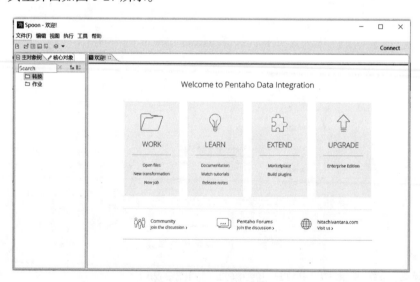

图 3-27　Kettle 主界面

在这里，我们想要将本地的 Oracle 12c 中的数据通过 Kettle 加载到 ADW 中，因此，需要先创建两个连接。按照"主对象树"→"转换"的顺序依次单击，在"DB 连接"上右击，在弹出的快捷菜单中选择"新建"选项。

数据库连接的设置如图 3-28 所示。需要注意的是，JNDI 名称并非随意指定，它与 jdbc.properties 文件中的设置有关。因此，这里我们还要先编辑这个文件（按照笔者自己的环境，该文件位于 C:\Kettle\pdi-ce-8.3.0.0-371\data-integration\simple-jndi）。我们在该文件中添加如下内容：

```
ADWConn/TYPE=javax.sql.DataSource
ADWConn/DRIVER=oracle.jdbc.driver.OracleDriver
ADWConn/URL=jdbc:oracle:oci:/@(description=
(retry_count=20)(retry_delay=3)(address=(protocol=tcps)(port=1522)(host
=adb.us-xxxxx-1.oraclecloud.com))(connect_data=(service_name=ztxt1bwrbk
bie1b_jadeadw_high.adwc.oraclecloud.com))(security=(ssl_server_cert_dn=
"CN=adwc.uscom-east-1.oraclecloud.com,OU=Oracle BMCS US,O=Oracle
Corporation,L=Redwood City,ST=California,C=US")))

ADWConn/USER=admin
ADWConn/PASSWORD=XXXXXXX
```

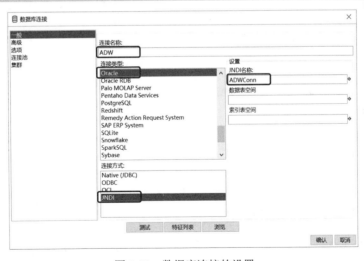

图 3-28　数据库连接的设置

上面的粗体字就是对应的 JNDI 名称，并且该文件中所有的配置项均是按照 **JNDI 名称/** 的格式进行设置的。需要注意的是，URL 的设置内容，来自于之前下载的 Wallet 中的 tnsnames.ora 文件。用户名和密码则与登录 ADW 时所使用的信息一致。

上述设置完毕后，单击"测试"按钮，如果设置没有错误，则会弹出图 3-29 所示的提示。

图 3-29　连接 ADW 设置成功

然后，我们继续创建到本地 12c 数据库的连接，如图 3-30 所示。

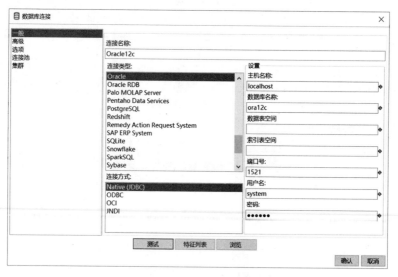

图 3-30　创建到本地 12c 数据库的连接

接下来，我们就可以设置数据抽取了。

依然是在 Kettle 的主界面中，单击"核心对象"选项卡，分别将"输入"中的"表输入"图标和"输出"中的"表输出"图标拖曳到右侧工作区域中，如图 3-31 所示。

双击"表输入"图标，在弹出的对话框中进行设置，如图 3-32 所示。

使用同样的方法设置"表输出"，如图 3-33 所示。

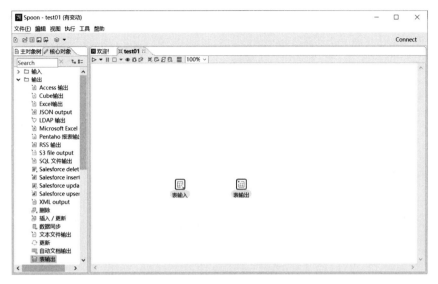

图 3-31　Kettle 的"输入""输出"设置

图 3-32　"表输入"设置

图 3-33　"表输出"设置

　　设置完"表输入"和"表输出"之后，我们就需要将它们连起来，在"表输入"图标上同时按下"Shift"键和鼠标左键，并拖曳到"表输出"图标上，即可实现它们的连接，如图 3-34 所示。

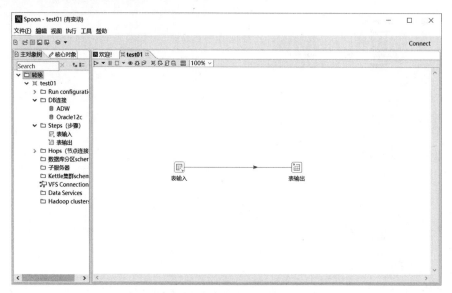

图 3-34　建立连接

然后，单击工作区域左上角的三角符号，即可执行转换任务，如图 3-35 所示。

图 3-35　执行转换任务

单击"启动"按钮，则可以查看执行情况，如图 3-36 所示。

注：在我们的实际测试及部署过程中，发现 Kettle 在加载大量数据时可能在性能上会没有预期的那么好，因此我们建议每加载 1000 条数据就提交一次。

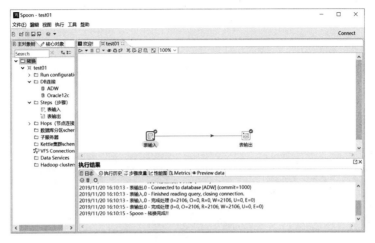

图 3-36 查看执行情况

我们在这里只是简要介绍了一下如何使用 Kettle 这个开源工具来将数据加载到 ADW 中。当然，Kettle 本身的功能并不仅限于此，一些较为复杂的抽取和转换逻辑，以及加密、作业、流式处理等都是支持的。

此外，除本章介绍的上述数据加载方法外，各位读者也可以使用 Oracle Marketplace 上的 Oracle GoldenGate，或者 ODI 来进行数据抽取和加载。当然，读者也可以自己编写代码进行数据加载。

3.5 本章小结

ADW 是一个优秀的数据管理平台，为了充分发挥它的极致性能，我们需要将数据加载到 ADW 中。本章介绍了多种常见的数据加载方法，各位读者可以自行选择，也可以使用其他一些加载工具或技术。并且目前已经有足够多的图形化加载工具，因此如何将数据从本地各式各样的数据源加载到 ADW 中也就成了没有什么难度的事情。当然，如果想让 ADW 能够直接连接用户的应用程序，尤其是 ERP 类的系统时，可能就需要用户去做一些定制化的开发了。

当然，ADW 也提供了多种开发工具和技术，使得在完成数据加载之后，通过编程或非编程类的工具来处理和使用这些技术。在第 4 章中，我们将为读者介绍基于 ADW 的一些优秀的开发技术。

第 2 部分　数据仓库开发篇

在本部分中，我们将为读者介绍基于敏捷数据仓库平台 ADW 的两大重要的开发技术：Oracle APEX 和 Oracle ML。其中，前者是一个典型的低代码（low code）开发工具，对于开发人员而言，只需要很少的代码，甚至不需要写代码就可以开发出功能强大的应用。后者则是一个面向数据科学家的机器学习工具。通过 Oracle ML，可以以交互的方式进行机器学习项目的开发。

第 4 章

Oracle APEX 开发

从本质上来讲，ADW 依然是一个数据库，因此传统的 SQL、PL/SQL，以及其他使用各种语言如 Java、Python、PHP 等的开发工作依然可以照常进行。不过笔者在这里并不打算介绍这些东西。其实 ADW 自身就附带了不少卓越的开发工具，如 Oracle APEX、Oracle ML 等。因此在这里，我们的重点会放在 ADW 自带的这些工具上。毕竟这些工具加上 Oracle 提供的一些 package，就足以让我们做出很多有价值的工作了。本章介绍 Oracle APEX，第 5 章介绍 Oracle ML SQL Notebook。

4.1　Oracle APEX 简介

Oracle APEX 是由 Oracle 公司出品的一款基于 Oracle 数据库的 Web 应用快速开发工具，其目的是为了让那些从事基于 Oracle 数据库开发的 IT 工程师们能够快速搭建 Web 应用系统。它的诞生最早可以追溯到 2004 年，早期称之为 HTML DB。2009 年更名为 Oracle APEX，目前最新的版本为 19.2。

Oracle ADW（或 ATP）中的 APEX 提供了完全托管的预配置安全环境，可以帮助用户开发和部署各种先进的应用。其具体的配置、优化、备份、打补丁、加密，以及扩展等任务均由 Oracle 处理完毕，这样就使得用户能够集中精力解决关键的业务问题了。

4.1.1　Oracle APEX 的特点

与其他传统的开发工具或语言相比，Oracle APEX 具有如下特点。

- 低代码开发

Oracle APEX 是一个低代码的开发平台，用户无须精通大量的 Web 开发技术，就可以利用它来构建各种高级的应用。Oracle APEX 能够帮助用户简化和加速开发流程，无须重复编码。

- 性能强大

Oracle APEX 提供了必要的各种先进的组件和功能，可以用来构建能够在任何设备上运行的高级应用。它为用户提供了丰富的功能，具体包括数据管理、报告、用户界面、安全性、可访问性、监视，以及全球化等。

- 架构简单

Oracle APEX 采用了由元数据驱动的架构，可以实现快速的数据访问、出色的性能及可扩展性，而且确保其可用。该架构能够确保用户构建的任意应用，都能够通过 ADW 针对任意数量的用户进行按需扩展。

- 部署轻松

使用 Oracle APEX 开发的应用是完全可移植的，用户可以在安装了 Oracle 数据库的任意位置运行。因此，用户可以将现有的 Oracle APEX 应用导入到自己的 ADW 环境中。它的轻松、灵活的开发和部署方式，既适用于用户自己的本地数据库环境，也适用于云端环境。

- 久经考验

Oracle APEX 已经针对多个行业和地理区域提供了大量成功的解决方案，帮助用户解决了众多的实际业务问题。用户通过 Oracle APEX 既可以将现有的 Excel 转化为 Web 应用，也可以设计为数万名用户日常访问的关键任务应用。

- 社区活跃

Oracle 为 APEX 提供了一个非常活跃，并且不断成长的全球性社区。用户可以在该社区中参加各种活动。该社区的链接为：

https://community.oracle.com/community/groundbreakers/database/developer-tools/ap

plication_express。

4.1.2　Oracle APEX 适用场景

从实际情况来看，Oracle APEX（APEX）主要适用于如下场景。

（1）用于替代电子表格。目前依然有很多行业中的企业还在使用电子表格进行报表处理和数据分析，对于这样的企业，使用 APEX 会带来极高的收益。

（2）采用现代化的设计更新原有的老系统。

（3）快速开发大型、企业级的应用。

（4）需求不明确，需要快速迭代的开发场景。

当然，对于 APEX 来说，如下的场景就不太适合了。

（1）需要超大负载、高并发的业务场景，如 12306 等。

（2）需要直接调用其他应用程序的，如需要调用 jar 或 dll 的应用。

4.1.3　Oracle APEX 架构

APEX 的整体架构相对简单，其架构简图如图 4-1 所示。

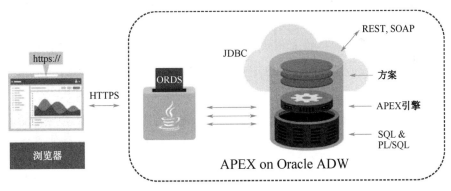

图 4-1　APEX 架构简图

对于 APEX 来说，用户只需要在 Web 上进行登录，然后就可以编写并完成所有的 APEX 操作了，而无须安装任何客户端。用户只需要通过 2.3.3 节中的图 2-28 所示页面即可登录 APEX。

需要注意这里的 ORDS，它是 Oracle REST Data Service 的简写，是一个 Java 应用，具备 SQL 和数据库技能的开发人员均可利用它来开发适用于 Oracle 数据库、12c JSON 文档存储及 Oracle NoSQL 数据库的 REST API。ORDS 是中间层的 Java 程序，它可以将 HTTP（S）的请求（GET、POST、PUT 和 DELETE 等）映射到数据库事务，并以 JSON 格式返回结果。它使得 APEX 应用在部署时无须使用 Oracle HTTP Server（OHS）、mod_plsql，或者嵌入式 PL/SQL 网关。

注：关于 ORDS 的更多详细内容，读者也可以参考 https://docs.oracle.com/en/cloud/paas/autonomous-data-warehouse-cloud/user/ords-autonomous-database.html#GUID-E2E9 21FF-2D80-4E32-9660-28506D10BADB。

从图 4-1 中可以看出，APEX 是一个典型的 3 层架构，用户或开发人员的 request 从浏览器上发出，然后经由 ORDS 发送给数据库。所有的处理，包括数据操作和业务逻辑，都将在数据库中完成。在 request 被处理完成后，其处理结果再经由 ORDS 返回给浏览器。因此，从这个角度来看，ORDS 有些类似于 APEX 的监听器。其实，在之前的版本中，ORDS 的名称就是 APEX listener。

这样的架构，使得 APEX 能够实现对数据访问的零延迟（直接在 Oracle 数据库内部进行数据操作），并且可以提供极高的性能表现和良好的可扩展能力。

1. 元数据驱动

当用户创建或扩展现有的 APEX 应用程序时，APEX 会在数据库表中创建或修改相应的元数据。一旦应用运行，APEX 引擎就会读取这些元数据，然后展示相应的页面或处理页面上提交的请求。

为了在 APEX 应用中提供状态行为，APEX 会透明地在数据库中管理会话的状态信息。APEX 应用开发人员可以通过使用 SQL 绑定变量来获取或设置这些会话的状态信息。这里无须进行基于文件的编译操作，并且也不会生成代码。

所有的处理操作都是在数据库的数据方案中通过直接执行对应的 PL/SQL 来完成的。因此，APEX 应用的执行都是极为高效的。基于元数据的定义，单一的 API 就可以调用所有需要的数据操作，而无须多次对数据库进行调用。

2. 无状态访问

APEX 具有良好的可扩展性，并且因为其处理数据库请求的方式，所以可以支持成千上万的并发用户。对 APEX 引擎的 API 调用使用了标准的 Oracle 数据库连接池。这就意味着，一旦处理完 API 调用并将响应发回给浏览器，当前所使用的连接就会返回给数据库连接池，并且之后即可由其他任意请求使用。

数据库会话仅在执行请求时处于活动状态。否则，用户的会话就会处于非活动状态，并且不消耗任何的数据库资源。会话状态信息在用户首先进行身份验证时会存储在浏览器的缓存中，然后与每个后继请求一起发送。

4.1.4 Oracle APEX 组件

APEX 的组件主要包括如下几部分。

1. 工作区（Workspace）（见图 4-2）

图 4-2　APEX 工作区

APEX 工作区是主要的开发场所，它包含四部分。

（1）应用程序构建器（App Builder）。

在这里，用户可以通过导入数据、脚本，或者是用从头创建的方式来开发自己的 Web 应用。APEX 在这里为用户提供了大量的示例程序，从而简化和帮助用户进行开发任务，如图 4-3 所示。

图 4-3　应用程序构建器

（2）SQL 工作室（SQL Workshop）。

用户可以浏览各种常见的数据库对象，编写和执行 SQL 及 PL/SQL 脚本，使用 APEX 提供的各种实用程序（如生成 DDL、还原已删除的对象、构建查询，以及使用示例数据集等），还可以使用 Oracle 的 RESTFul 服务，如图 4-4 所示。

图 4-4　SQL 工作室

（3）小组开发（Team Development）。

用户可以以团队或小组的身份来开发 APEX 应用程序。通过此功能，可以设置开发任务的里程碑、管理团队的开发进度、Bug 处理，以及收集反馈等，如图 4-5 所示。

图 4-5　小组开发

（4）应用程序库（App Gallery）。

APEX 在应用程序库中为使用者提供了大量的应用程序，开发人员可以直接在现有的 APEX 应用中安装和使用它们，从而简化开发，如图 4-6 所示。

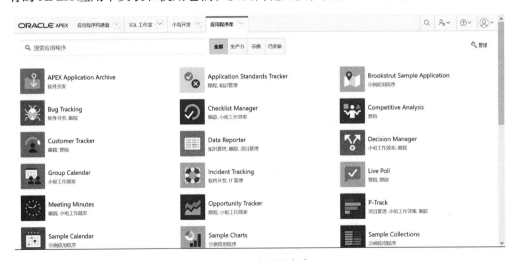

图 4-6　应用程序库

2．用户管理

在 APEX 中，主要有三类用户：工作区管理员、开发者，以及最终用户。其中，工作区管理员可以创建和编辑用户账户，管理开发服务。开发者可以创建和编辑应用程序，也可以创建和修改数据库对象。最终用户则没有开发权限，用于控制对不使用外部验证方案的应用程序的访问。用户管理页面如图 4-7 所示。

图 4-7　用户管理页面

在该页面中，单击"管理服务"选项，即可以以 ADMIN 用户的身份登录，从而执行管理任务，如管理工作区和实例等。也可以单击下面不同的语言选项，从而设置不同的语言开发环境。

3．共享组件

当用户在应用程序构建器中创建应用之后，就进入了该应用的编辑页面，可以查看当前可用的共享组件。APEX 为用户提供了数量较多的共享组件，使得用户的开发速度变得更为便捷迅速，如图 4-8 所示。

接下来，我们就通过几个简单的应用开发案例，来介绍如何使用 APEX 进行应用开发。用户会发现，基于 Oracle 数据库的应用开发，竟然变得如此简单！

在真正进行 APEX 开发之前，我们先做一些准备工作。

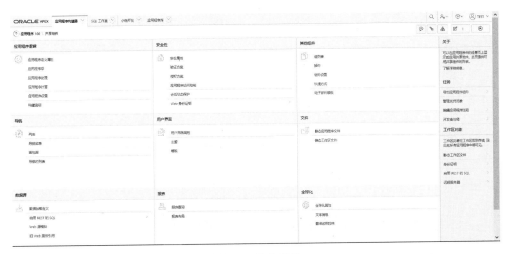

图4-8　共享组件

首先，我们需要登录到 APEX 中。在这里，我们可以通过 2.3.3 节中图 2-28 所示页面来登录 APEX，也可以通过 ADW 概况页面的"工具"选项卡直接登录 APEX，如图 4-9 所示。

图4-9　通过 ADW 概况页面的"工具"选项卡登录 APEX

初次登录 APEX 时，我们需要创建工作区，因此选择"管理服务"选项卡，如图 4-10 所示。

当然，我们也可以选择不同的语言环境来进行开发任务。

在"管理服务"页面，我们需要使用 ADMIN 用户来登录，如图 4-11 所示。

图 4-10　APEX 登录页面

图 4-11　"管理服务"页面

输入 ADMIN 用户的密码，然后登录到服务，如图 4-12 所示。

图 4-12　登录之后的页面

此时，我们就可以先创建一个工作区了，如图 4-13 所示。

我们这里将数据库用户设置为 TEST，默认情况下，工作区名称与数据库用户名相同。可以使用已有的 ADW 用户（除了 ADMIN 用户外），也可以创建新的用户。然后使用新的用户登录，并按照要求设置密码，这样就可以开始进行 APEX 的开发工作了。

创建工作区 ✕

工作区是可供多个开发者创建应用程序的共享工作区域。

* 数据库用户 TEST

* 空码

* 工作区名称 TEST

▶ 高级

取消　　　　　　　　　　　　　　　　　　　创建工作区

图 4-13　创建工作区

4.2　数据加载

APEX 作为 Oracle 数据库专有的开发工具，其关键用途之一，就是进行数据加载。我们将会展示多种通过 APEX 进行数据加载的方法。

注：我们在这里进行的 APEX 开发所使用的材料，各位读者可以通过如下链接进行下载 https://www.oracle.com/technetwork/developer-tools/apex/learnmore/apex-curriculum-4490003.html。

第一步，我们先通过 SQL 工作室来执行 SQL 脚本（见图 4-14），从而创建后面将要使用的表。

图 4-14　执行 SQL 脚本页面

单击"上载"按钮，如图 4-15 所示。

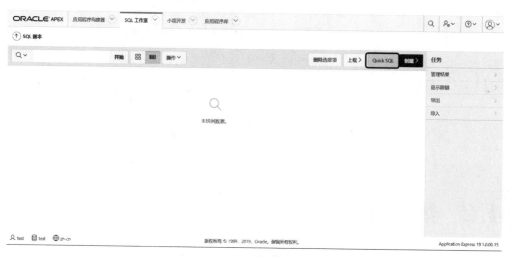

图 4-15　SQL 脚本页面

在这里，我们选择 Project_Tables.sql 脚本，如图 4-16 所示。

图 4-16　脚本上传页面

待脚本上传完毕，我们就可以执行它了，如图 4-17 所示。

图 4-17　SQL 脚本上传完毕页面

在上述页面中单击刚刚上传的 SQL 脚本左边的铅笔图标，即可查看 SQL 脚本的内容并执行该脚本，如图 4-18 所示。

图 4-18　执行 SQL 脚本

注：这里执行的脚本，其实是通过 APEX 的导出工具生成的。我们将在本章后面的内容中介绍相关知识。

SQL 脚本执行完毕后，执行结果如图 4-19 所示。

5	0.02	alter table demo_proj_team_members add constraint demo_proj_	表已更改。	0
6	0.02	create or replace trigger biu_demo_proj_team_members bef	触发器已创建。	0
7	0.03	create table demo_projects (id number	表已创建。	0
8	0.02	alter table demo_projects add constraint demo_projects_uk	表已更改。	0
9	0.02	alter table demo_projects add constraint demo_proj_team_memb	表已更改。	0
10	0.01	create index demo_proj_team_member_idx on demo_projects (pro	索引已创建。	0
11	0.01	alter table demo_projects add constraint demo_proj_status_fk	表已更改。	0
12	0.01	create index demo_proj_status_idx on demo_projects (status_c	索引已创建。	0
13	0.01	create or replace trigger biu_demo_projects before inser	触发器已创建。	0
14	0.03	create table demo_proj_milestones (id	表已创建。	0
15	0.01	alter table demo_proj_milestones add constraint demo_proj_ms	表已更改。	0

下载

行 1 - 15 (共 45 行) 下一页 ▶

45	45	0
已处理语句	成功	出错

图 4-19　SQL 脚本执行结果

　　注意图 4-19 中的执行结果，如果出错部分的 SQL 数量不为 0，则需要进行检查，然后重新执行 SQL 脚本。

　　按照同样的方式，将 Project_Data.sql 脚本也进行上传并执行。其执行结果如图 4-20 所示。

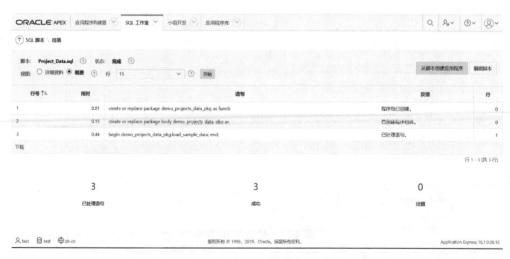

图 4-20　Project_Data.sql 脚本执行结果

　　第二步，执行 SQL 命令。

　　在第一步中，我们先创建了要加载数据的目标表，然后创建了一个名称为

DEMO_PROJECTS_DATA_PKG 的包，不过由于该包尚未执行，因此这些表中目前还没有包含数据。所以接下来，我们就需要执行相应的 SQL 命令来加载数据。

在 SQL 工作室中，单击"SQL 命令"图标来执行 SQL 命令，如图 4-21 所示。

图 4-21　执行 SQL 命令

输入 SQL 命令并执行，如图 4-22 所示。

图 4-22　SQL 命令执行页面

第三步，查看加载结果。

在 SQL 工作室中单击"对象浏览器"图标，即可查看我们创建的对象及其加载的数据情况。我们这里以 DEMO_PROJ_TEAM_MEMBERS 为例，来查看其数据情况，如图 4-23 所示。

图 4-23　查看对象创建及数据加载结果

当然，在这里也可以查看其他数据库对象信息，如视图、索引、序列、类型、程序包、过程，函数，以及触发器等。

在上述内容中，我们是以上传并执行 SQL 脚本的方式来进行数据加载的。但在 APEX 中，还有其他一些数据加载的方法或工具。接下来我们介绍其他几种方法。

在 SQL 工作室中，我们单击"实用程序"图标，如图 4-24 所示。

图 4-24　SQL 工作室中的实用程序

然后选择"数据工作室"选项，如图 4-25 所示。

图 4-25　数据工作室

在这里，我们就可以加载 CSV、XLSX、XML、JSON 等格式的数据了。单击"加载数据"按钮，如图 4-26 所示。

图 4-26　加载数据

这里我们选择加载 hardware.csv 文件，如图 4-27 所示。

图 4-27　加载文件

注意，在该页面的下部输入表名，同时 APEX 会自动生成相应的用于存储错误信息的表名。

注：该数据加载功能是 Oracle APEX19.1 中新添加的特性。在处理 CSV 格式（数据文件的扩展名为 csv 或 txt）的数据时，APEX 能够自动识别不同字段之间的分隔符（如逗号、分号、"|" 或 "#" 等），同时将会抽取加载文件的前 200 行数据来检测不同列的数据类型。在数据加载时，APEX 会自动判断数据文件中是否包含行头（默认为包含），并且默认的文件编码格式为 Unicode（UTF-8）。

如果在数据加载过程中遇到了不符合 APEX 自动检测到的数据类型时，APEX 就会将这些错误的记录插入到错误表中。错误表的列与目标表一致，但是所有列的数据类型均为 VARCHAR2(4000)，可以在数据加载完毕后查看该错误表。但是，如果数据加载成功，则 APEX 会自动删除空的错误表。

对于 XLSX 格式的数据文件，APEX 会默认加载第一个工作表的数据（如果有多个工作表的话）。单个 XLSX 的文件大小被限制在 20MB。

对于 XML 和 JSON 格式的文件，APEX 要求这两类要加载的文本都必须为平面文件，并且如果 APEX 使用的数据库版本为 11g 或 12.1，则单个 JSON 文件的大小被限制为 20MB。若为 12.2 或更高版本，则无此限制。

关于上述内容，也可以参考：https://blogs.oracle.com/apex/quick-and-easy-data-loading-with-apex-191。

当然，对于喜欢使用 Oracle PL/SQL 的开发人员而言，也可以使用 APEX_DATA_PARSER.PARSE 函数来加载上述格式的数据文件。

不仅如此，我们还可以通过创建面向终端用户的数据录入页面来进行数据加载，甚至可以使用 APEX 的应用程序库中为我们提供的 Sample Data Loading 程序来进行数据加载，如图 4-28 所示。

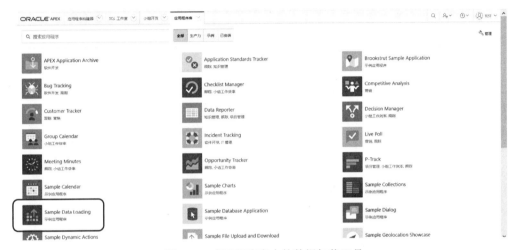

图 4-28   应用程序库中的数据加载工具

4.3   创建数据库应用

基于 4.2 节中所创建的表，从现在开始，我们就可以基于这些表来开发一些数据库应用了。因为 APEX 强大的开发能力，所以我们无须开发所有的页面，而只要根据具体的需求来创建部分页面即可。

第一种方法，从头创建新的应用。

在应用程序构建器中，单击"创建"图标，如图 4-29 所示。

在弹出的页面中单击"新建应用程序"图标，如图 4-30 所示。

输入应用程序名称，并单击外观设置按钮，如图 4-31 所示。

图 4-29　创建应用

图 4-30　新建应用程序

图 4-31　应用属性设置

在外观设置页面中，可以根据自己的喜好，选择不同的主题样式、导航格式，以及应用程序图标，如图 4-32 所示。

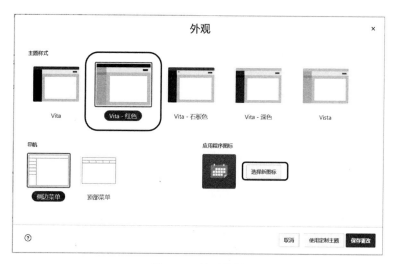

图 4-32　外观设置

外观设置完毕后，在图 4-31 中，单击"添加页"按钮，进入"添加页"对话框，选择"报表"选项，如图 4-33 所示。

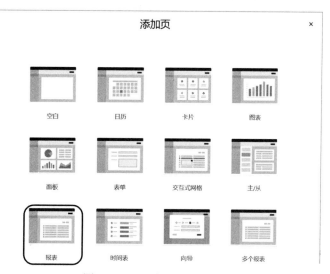

图 4-33　"添加页"对话框

在"添加报表页"对话框中，进行如下设置，如图 4-34 所示。

图 4-34　设置报表

设置完毕后，单击"添加页"按钮。然后按照同样的方式，分别添加 DEMO_ PROJECTS、DEMO_PROJ_MILESTONES，以及 DEMO_PROJ_TASKS 三个页面。

回到图 4-31 中，单击"全部选中"选项。然后在弹出的对话框中单击"高级设置"右边的按钮，如图 4-35 所示。

图 4-35　高级设置

进入"高级设置"对话框，如图 4-36 所示。

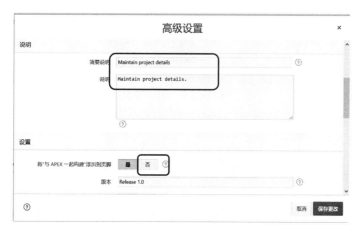

图 4-36　"高级设置"对话框

设置完毕后单击"保存更改"按钮，并创建应用程序。在等待几秒之后，应用程序就创建好了，如图 4-37 所示。

图 4-37　应用程序创建完毕

单击图 4-37 中的运行按钮，即可运行我们刚刚创建的应用程序。此时 APEX 会启动一个新的页面，用于登录刚刚创建好的应用程序。输入用户名和密码后登录，如图 4-38 所示。

图 4-38　应用程序登录页面

登录后的应用程序页面如图 4-39 所示。

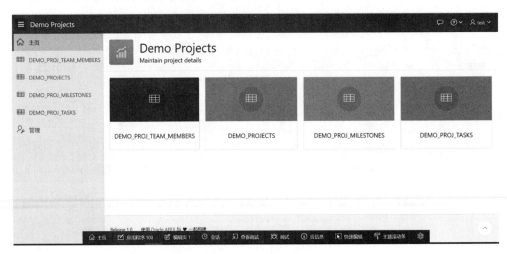

图 4-39　应用程序页面

使用 APEX 创建一个应用程序就是如此简单！

第二种方法，从电子表格创建数据库应用。

我们依然是从应用程序构建器开始，单击"创建"图标，然后单击"从文件"图标创建应用程序，如图 4-40 所示。

图 4-40　创建应用程序

我们这里要加载的文件为 budget.csv，如图 4-41 所示。

图 4-41　加载文件

在图 4-41 所示页面的下部，输入表名 PROJECT_BUDGET，然后单击"加载数据"按钮，数据加载结果如图 4-42 所示。

然后单击"继续'创建应用程序'向导"按钮，这样就进入了与第一种方法相同的页面。我们在这里不再添加新的页面，只需要将应用程序名称设置为 Budget App，并单击"全部选中"选项，在弹出的"高级设置"对话框中清空之前设置的简要说明和说明，然后单击"保存更改"按钮，并运行它，登录后的 Budget App 页面如图 4-43 所示。

单击左侧的"面板"标签，则显示如图 4-44 所示页面。

图 4-42　数据加载结果

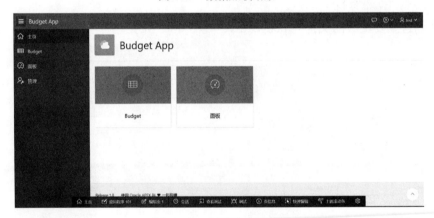

图 4-43　Budget App 页面

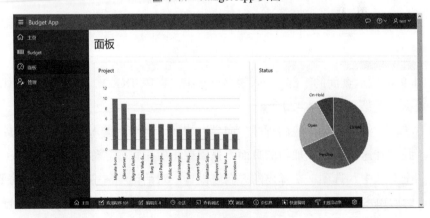

图 4-44　面板页面

4.4 在页设计器中管理页面

当然，按照前面介绍的内容，我们所创建的应用程序已经可以在浏览器中轻松实现数据的增、删、改、查，以及排序和生成图形等操作了，但这依然是远远不够的。在本节中，我们将介绍如何使用页设计器来对应用程序的页面进行调整。

回到我们创建的 Demo Projects 应用的主页中，单击下面开发者工具栏中的"编辑页 1"按钮，即可进入页设计器，如图 4-45 所示。

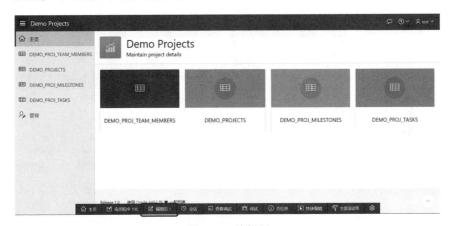

图 4-45　编辑页

页设计器的页面如图 4-46 所示。

图 4-46　页设计器的页面

　　页设计器一共分为三部分。左边的部分主要用于展示当前页面中包含哪些元素，可以在此区域内添加新的区域或组件，也可以创建动态操作或处理，以及使用业内共享组件等。中间的部分主要用于处理页面内各个组件的布局。右边的部分则是设置页面中各个元素的相关属性，包括不同区域的数据来源、显示格式等。

　　在页设计器中，单击"+"（创建）按钮，并选择页，如图4-47所示。

图4-47　选择页

　　然后在"创建页"对话框中单击"面板"图标，如图4-48所示。

图4-48　创建页

输入页名为 Dashboard，然后单击"下一步"按钮，如图 4-49 所示。

图 4-49　创建面板

在图 4-49 中选择"创建新的导航菜单条目"单选项，然后单击"下一步"按钮，创建页面。

接下来，我们需要对该新建页面的布局进行调整。在当前页设计器的中间，依次单击"布局"→"区域"→"图表"，如图 4-50 所示。

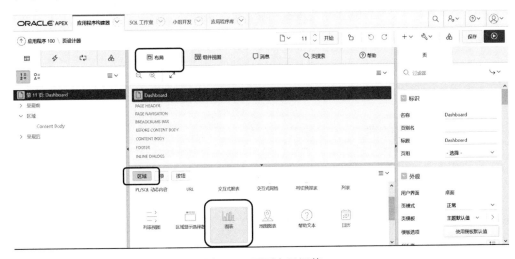

图 4-50　页面布局调整

然后将"图表"图标拖曳到 CONTENT BODY 之下，如图 4-51 所示。

图 4-51　在页面中添加图表

在右侧编辑区域修改其标题，如图 4-52 所示。

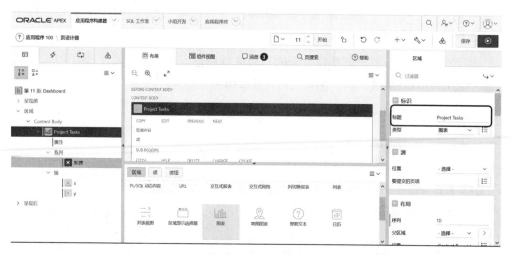

图 4-52　修改标题

同样是在右侧编辑区域，在外观区域下，单击模板选项后面的"使用模板默认值"选项，如图 4-53 所示。

进入"模板选项"对话框，在这里我们将 Body Height 设置为 480px，单击"确定"按钮，如图 4-54 所示。

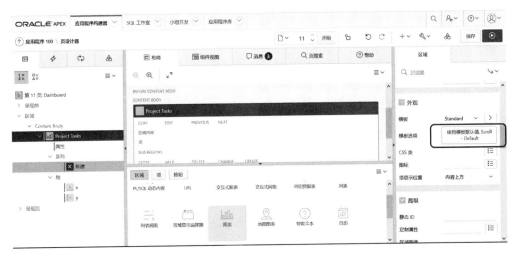

图 4-53　修改模板属性

图 4-54　"模板选项"对话框

回到页设计器页面，在左侧的编辑区域，选择 Project Tasks 下面的"属性"选项，如图 4-55 所示。

然后在右侧编辑区域中，进行设置，如图 4-56 所示。

回到页设计器的左侧区域，选择系列下面的"New"选项，如图 4-57 所示。

然后在右边的编辑区域设置其属性，如图 4-58 所示。

图 4-55　选择属性

图 4-56　属性设置

图 4-57　新的设置

图 4-58　新的属性设置

在图 4-58 的 SQL 查询部分，输入如下 SQL 代码。

```
select p.id, p.name as label,
  (select count('x')
    from demo_proj_tasks t
    where p.id = t.project_id
    and nvl(t.is_complete_yn,'N') = 'Y') value,
    'Completed Tasks' series, p.created
from demo_projects p
```

```
UNION ALL
select p.id, p.name as label,
     (select count('x')
     from demo_proj_tasks t
     where p.id = t.project_id
     and nvl(t.is_complete_yn,'N') = 'N'
     ) value,
     'Incomplete Tasks' series,
     p.created
from demo_projects p
order by 5
```

然后在列映射部分，进行如图 4-59 所示的设置。

图 4-59 列映射设置

至此，新创建的页面就设置完毕了，我们单击"保存"按钮并运行，如图 4-60
所示。

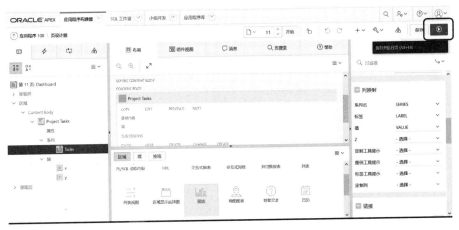

图 4-60 保存并运行应用程序

这样，我们就在当前应用程序中添加了一个新的页面，如图 4-61 所示。

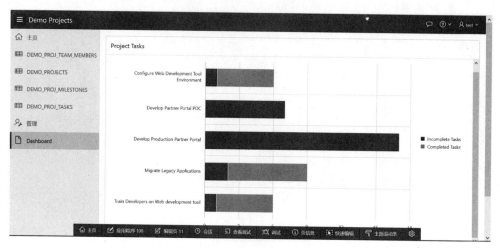

图 4-61　新的 DashBoard 页面

4.5　为 APEX 应用增加安全性

除在应用开发方面有着极其强大而又便捷的功能外，APEX 也可以使用 Oracle 数据库的诸多安全特性来确保数据安全。其中透明数据加密（Transparent Data Encryption，TDE）和数据编纂（Data Redaction）是常见的用于数据加密和脱敏的技术。我们在这里结合 APEX，简要介绍一下相关内容。

我们首先登录 SQL Developer Web，可以通过 2.3.3 节中的图 2-28 所示页面来登录，也可以在 ADW 概况页面中，通过"工具"选项卡直接登录。我们这里以 ADMIN 用户登录。

在 SQL Developer Web 中进行查询，如图 4-62 所示。

可见，在 ADW 中，用于存储用户数据的 DATA 和 DBFS_DATA 表空间默认都是加密的，并且是不可更改的。

不仅如此，对底层表空间进行加密，只能够保证数据不会被非法窃取。除此之外，对于有些敏感数据，我们还需要将其进行脱敏处理，从而使得这些数据在展现时，能够以编纂后的形式出现。

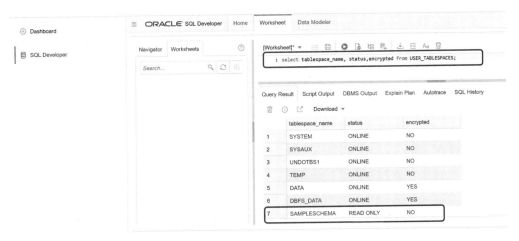

图 4-62　在 SQL Developer 中进行查询

我们在 SQL Developer Web 中执行如下代码：

```
create user redact identified by "4P3X%ADW_sec_1";
grant create session to redact; grant unlimited tablespace to redact;
create table redact.credit_card
 (cust_id number(10) GENERATED ALWAYS AS IDENTITY START WITH 1000,
 enroll_date date NOT NULL,
 card_no number(16) NOT NULL,
 exp_date date NOT NULL,card_val varchar2(20));
insert into
redact.credit_card(enroll_date,card_no,exp_date,card_val)
 values (sysdate,1285145836589848,TRUNC(ADD_MONTHS(SYSDATE,36)),
 '1111-2222-3333-4444');
insert into
redact.credit_card(enroll_date,card_no,exp_date,card_val)
 values (sysdate,8554884663181666,TRUNC(ADD_MONTHS(SYSDATE,36)),
 '5555-2222-3333-8888');
insert into
redact.credit_card(enroll_date,card_no,exp_date,card_val)
 values (sysdate,6543884663181666,TRUNC(ADD_MONTHS(SYSDATE,36)),
 '9999-1111-6655-8888');
insert into
redact.credit_card(enroll_date,card_no,exp_date,card_val)
 values (sysdate,7343884663184583,TRUNC(ADD_MONTHS(SYSDATE,36)),
 '2222-4444-6655-1111');
commit;
```

接下来，我们来查看插入的数据，如图 4-63 所示。

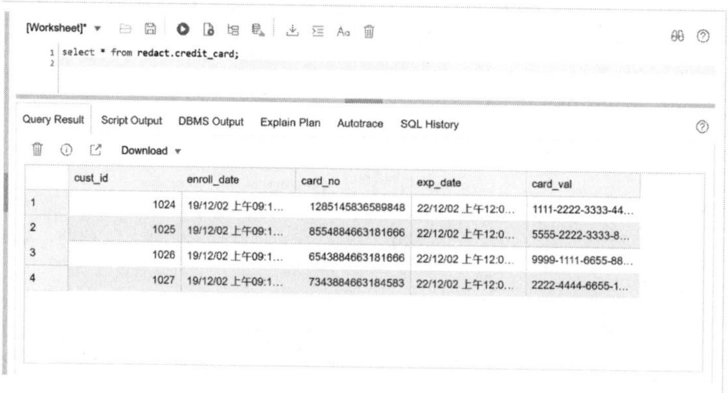

图 4-63　插入的数据

然后，在 APEX 中，使用我们刚刚创建的 REDACT 用户来进行开发。我们这里以管理用户 ADMIN 登录，然后使用 REDACT 用户来创建一个新的工作区，如图 4-64 所示。

图 4-64　创建新的工作区

之后重新以 REDACT 用户登录 APEX，并设置密码，这样我们就可以进行开发工作了。

进入应用程序构建器，依次单击"创建"→"新建应用程序"，创建新的应用程序，我们在这里设置新创建的应用程序名称为 RedactApp。添加页，我们选择添加报表，如图 4-65 所示。

图 4-65　添加报表页

进行完上述设置后，我们就可以创建应用程序了。然后运行该应用程序，并且使用 REDACT 用户登录，RedactApp 页面如图 4-66 所示。

图 4-66　RedactApp 页面

注意，图 4-66 中的 Card Val 列，它属于信用卡信息中的敏感数据，因此应该将其屏蔽。我们可以在 SQL Developer Web 中执行如下代码：

```
BEGIN
```

```
    DBMS_REDACT.ADD_POLICY(
        object_schema => 'redact',
        object_name => 'credit_card',
        column_name => 'card_val',
        policy_name => 'redact_REG_EXP',
        function_type => DBMS_REDACT.PARTIAL,
        function_parameters =>
'VVVVFVVVVFVVVVFVVVV,VVVV-VVVV-VVVV-VVVV,*,1,12',
        expression => '1=1',
        policy_description => 'Partially redacts our credit card
numbers',
        column_description => 'card_val contains credit card numbers in
VARCHAR2 format'); END;
    /
```

刷新 RedactApp 页面，我们发现相应的敏感数据被屏蔽了，如图 4-67 所示。

图 4-67　RedactApp 应用屏蔽敏感数据

当然，我们这里是通过调用 DBMS_REDACT 中的 add_policy 过程来进行数据编纂处理的。各位读者也可以考虑使用其他方式来进行屏蔽。例如，在生成该报表中的数据时，使用 SQL 查询，并将指定列的数据使用"*"进行替代显示。

注：关于 DBMS_REDACT 这个 package 的详细内容，读者可以参阅 https://docs.oracle.com/en/database/oracle/oracle-database/19/arpls/DBMS_REDACT.html#GUID-3EA1DAA6-CCD3-49D4-A3F9-05F578230AB7。

4.6 用户权限管理

在本章开始的内容中我们就已经提到，APEX 中包含三类用户：工作区管理员、开发者和最终用户。在本节中，我们将介绍如何创建这三类用户，以及如何将它们添加到应用程序中。

回到 APEX 主页面，我们先管理用户和组，如图 4-68 所示。

图 4-68　管理用户和组

进入管理用户和组页面，单击"创建用户"按钮，如图 4-69 所示。

图 4-69　创建工作区管理员用户

然后单击右上角的"创建和创建另一个"按钮，再依次创建 apex_dev，以及 apex_user 两个用户。

其中，创建 apex_dev 用户时，"用户是工作区管理员"选项选择否，"用户是开发者"选择是。创建 apex_user 用户时，两项均选择否。其他步骤与创建 apex_admin 用户时相同。

回到我们之前创建的 RedactApp 应用程序中（见图 4-37），单击"创建页"按钮，弹出的页面如图 4-70 所示。

图 4-70　创建访问控制页面

之后创建访问控制页，如图 4-71 所示。

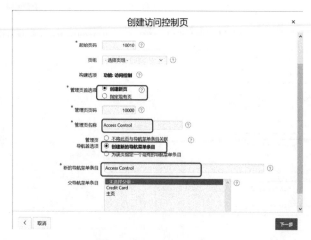

图 4-71　创建访问控制页

接着创建访问控制页，并运行该页，如图 4-72 所示。

图 4-72　RedactApp 应用中的访问控制页

我们单击该页面中的用户，来添加我们此前创建的三个用户，如图 4-73 所示。

图 4-73　添加用户

按照同样的方法，我们分别添加 apex_admin（角色为管理员）、apex_dev（角色为贡献者），以及 apex_user（角色为读者），如图 4-74 所示。

图 4-74　添加用户完毕

这样我们就可以使用这三个不同的用户来登录应用程序,并查看其有何不同之处了。

4.7　APEX 应用开发的环境迁移

　　APEX 也提供了导出/导入功能,这样就使得用户可以在不同的 APEX 环境之间进行程序和数据的迁移。我们进入当前应用程序,单击"导出/导入"图标,如图 4-75 所示。

图 4-75　导出/导入功能

然后选择"导出"选项，弹出导出设置页面，继续设置，如图 4-76 所示。

图 4-76　导出设置页面

在这里，我们进行应用程序的导出，并且导出文件的后缀名为 sql。

接下来，我们导出当前应用程序对应的数据库对象。依次单击"SQL 工作室"→"实用程序"→"生成 DDL"，单击"创建脚本"按钮，弹出的对话框如图 4-77 所示。

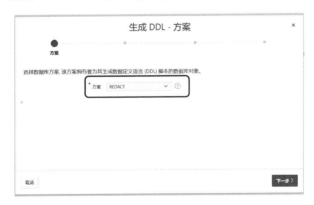

图 4-77　选择方案

选择要导出的对象，如图4-78所示。

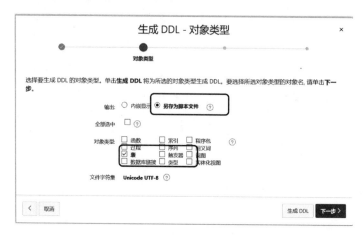

图4-78　选择要导出的对象

因为当前应用中只有表，所以我们这里只勾选"表"复选框即可。在实际应用中，用户可以根据自己应用的实际情况，选择要导出的对象。然后按照向导的提示，导出所选的对象。

最后，我们还需要将数据导出。依次单击"SQL 工作室"→"对象浏览器"，导出数据页面如图4-79所示。

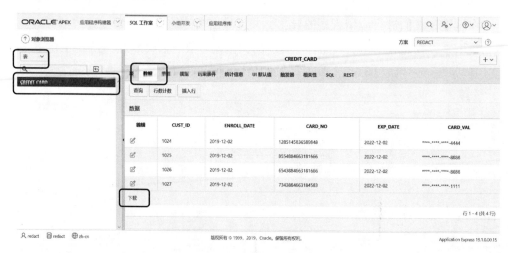

图4-79　导出数据页面

至此，我们就导出了当前应用所有的相关内容。之后在需要进行应用迁移时，即可使用应用程序构建器中的导入功能来导入应用，使用 SQL 工作室中的 SQL 脚本内的上载功能来导入数据库对象，最后使用 SQL 工作室中的实用程序内的数据工作室来加载数据。这样就可以轻松地完成应用迁移了。

4.8 APEX 相关资源

APEX 强大的功能和特性显然远非上面的部分开发案例所能涵盖，因此在这里，笔者列出了相关的开发资源，读者可以基于下面这些资料，开发出适合自己使用的优秀应用。并且，与其他如 Java 或 Python 等开发语言不同，掌握 APEX 的快速方法，就是大量做实验，从而在此过程中掌握并精通 APEX 中各个组件的配置和使用。

Oracle APEX 官网地址为：

https://apex.oracle.com/zh-cn/。

Oracle APEX API 参考文档：

https://docs.oracle.com/en/database/oracle/application-express/19.2/index.html。

Oracle APEX 插件获取：

https://apex.world/ords/f?p=100:700。

4.9 本章小结

本章从多个方面详细介绍了 Oracle APEX。对于使用 Oracle 数据库的用户而言，无论用户的数据库是部署在自己本地的数据中心里面，还是使用了 Oracle 公有云上的 DBCS（Database Cloud Service），或者是使用了 ADW 和 ATP，我们都可以轻松地使用 APEX 来进行应用开发。Oracle APEX 作为典型的低代码开发工具，能够让用户以极低的学习成本开发出强大的应用程序。

第 5 章

Oracle ML SQL Notebook

5.1 Oracle ML SQL Notebook 简介

  Oracle ML SQL Notebook（简称 Oracle ML）是一个面向数据科学家的基于 Web 的交互式机器学习平台。与 APEX 的入门要求低不同，对 SQL 不熟悉的读者使用 Oracle ML 就相对比较困难一些。Oracle ML 是基于开源的 Apache Zeppelin 生成的。其主要用途是为专业的数据分析人员提供一个便捷的开发工具，使得这些人员可以轻松地调用 Oracle ADW 中预置的各种机器学习算法，从而进行数据分析、数据探索，以及可视化分析等工作。

  注：关于 Oracle ML SQL Notebook，可以参考

  https://docs.oracle.com/en/cloud/paas/autonomous-data-warehouse-cloud/omlug/get-started-oracle-machine-learning.html#GUID-2AEC56A4-E751-48A3-AAA0-0659EDD639BA。

  关于 Apache Zeppelin，可以参考 http://zeppelin.apache.org/，也可以参考笔者的译作《基于 Scala+Spark 的大数据分析》。

5.1.1 创建 Oracle ML SQL Notebook 开发用户

在使用 Oracle ML 之前，需要先创建用户。ADW 默认的 ADMIN 管理用户，虽然也可以用来登录 Notebook，但是其主要的用途在于创建 Oracle ML 用户，ADMIN 管理用户本身并不具备 Oracle ML 的开发权限。

可以通过 ADW 概况页面中的"工具"选项卡来登录 Oracle ML 并创建用户，如图 5-1 所示。

图 5-1 登录 Oracle ML

当然，也可以通过依次单击"服务控制台"→"Development"→"Oracle ML SQL Notebooks"来登录 Oracle ML，使用管理员身份登录 Oracle ML 页面如图 5-2 所示。

图 5-2 使用管理员身份登录 Oracle ML 页面

在这里输入用户名 ADMIN 和相应的密码，即可登录 Oracle ML。

我们会发现，在 Oracle ML 用户管理页面中只能创建用户，如图 5-3 所示。

图 5-3　Oracle ML 用户管理页面

在这里创建一个用于开发 Oracle ML 的用户，如图 5-4 所示。

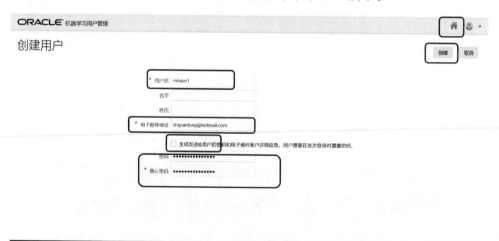

图 5-4　创建用户

然后单击图 5-4 中右上角的 Oracle ML 主页按钮，即可使用新创建的用户重新登录 Oracle ML，如图 5-5 所示。

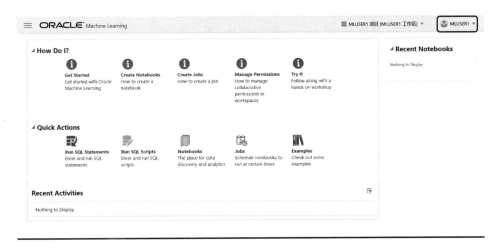

图 5-5　Oracle ML 主页面

5.1.2　Oracle ML 功能介绍

当前的 Oracle ML 主页面为英文，为便于操作，我们将其修改为中文页面。在图 5-5 中，单击 MLUSER1 用户，然后依次单击"首选项"→"语言"→"时区"，将时区设置为 Asia/Shanghai，然后重新登录，即可显示为中文操作页面，如图 5-6 所示。

图 5-6　Oracle ML 中文页面

在图 5-6 中，帮助主题下的各部分，包括"入门""创建记事本""创建作业"，以及"管理权限"，其实都指向了 Oracle 的一个官方文档：Using Oracle Machine

Learning，具体链接为 https://docs.oracle.com/en/cloud/paas/autonomous-data-warehouse-cloud/omlug/index.html。"试一试"则是指向了 ADW 的一个实验，链接为 https://oracle.github.io/learning-library/workshops/adwc4dev/?version=Self-Guided&page=L300.md。读者可以通过这些相关的文档和实验，来熟悉 Oracle ML。

下面的快速操作部分，则是真正用来进行 Oracle ML 开发的。例如，"运行 SQL 语句"和"运行 SQL 脚本"。关键是"记事本"，这里是进行 Oracle ML 开发的主要场所。"记事本"中可以包含一条或多条 SQL 语句查询或 SQL 脚本，并且基于内置的可视化组件来创建报告和仪表板，同时还可以与其他 Oracle ML 用户进行共享。

最后的"示例"部分，则提供了多个已经创建完毕的记事本模板，内容涵盖异常检测、关联规则、分类、回归、聚类，以及时间序列预测等常见的机器学习算法。读者可以参考这些示例，进而开发出自己想要的机器学习程序。

5.2 Oracle ML 设置

5.2.1 创建记事本

虽然 Oracle ML 的开发环境很简单，但是也依然有一些需要注意的地方。我们通过"记事本"图标来进入"记事本"页面，如图 5-7 所示。

图 5-7 "记事本"页面

单击"创建"按钮，创建记事本样例 1，如图 5-8 所示。

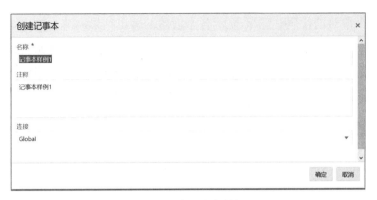

图 5-8　创建记事本样例 1

5.2.2　记事本全局设置

记事本创建完毕，就自动进入了记事本的开发页面，如图 5-9 所示。

图 5-9　记事本的开发页面

该页面分为上下两部分，上面为标题与全局控制部分，下面是可以用来输入 SQL
语句或 SQL 脚本并执行和设置显示格式的地方，这部分称为段落（Paragraph）。一个
记事本应用中可以包含足够数量的段落，并且当我们将鼠标指针移至这上下两部分中
间的空白部分时，即可出现 "Add Paragraph"（添加段落）按钮，如图 5-10 所示。

图 5-10　添加段落

标题与全局控制部分有多个按钮，可以分别用来执行当前记事本中的所有段落、

隐藏/显示各个段落的代码、隐藏/显示各个段落的输出结果、清空输出结果、清空当前记事本，以及导出记事本等操作。同时，也可以通过放大镜图标来搜索当前记事本中的代码，还可以使用键盘图标来查看可用的命令的快捷方式等。齿轮图标则是用来设置当前记事本的绑定变量，记事本全局设置如图 5-11 所示。

图 5-11　记事本全局设置

　　由此可见，在默认情况下，所创建的记事本使用的 ADW 数据库连接为 low。当然也可以通过将 medium 或 high 拖曳到最上面的方法来修改其默认设置。%sql 表明创建的段落默认是 SQL 语句格式的。如果在创建新的段落时不是输入了 SQL 语句，而是 SQL 脚本，或者文本文字，则可以使用%script，或者%md。创建不同的段落如图 5-12 所示。

图 5-12　创建不同的段落

然后我们执行所有段落，并隐藏所有段落中的代码（即只显示各个段落的执行结果），段落执行结果如图 5-13 所示。

图 5-13　段落执行结果

我们在这里一共创建了三个段落，第一个段落用于显示文本内容，段落标识设置为%md，也可以使用"#"来设置多级标题。当前 Oracle ML 支持 5 级标题设置。当然也可以这么写：

```
%md
<h1>just a test <h1>
<h2>just a test two<h2>
<h3>just a test three<h3>
<h4>just a test four<h4>
```

第二个段落为 SQL 语句，段落标识为%sql。

第三个段落为 SQL 脚本，段落标识为%script。

5.2.3　SQL 语句型段落设置

对于 SQL 语句型段落，我们可以控制其执行结果的显示格式，如图 5-14 所示。

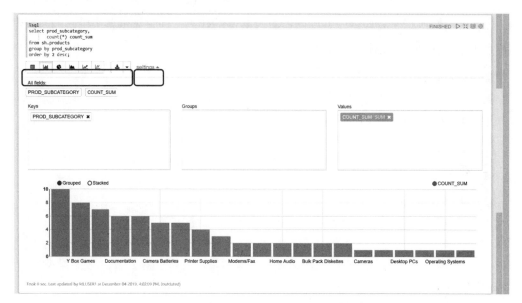

图 5-14　SQL 语句执行结果显示设置

除此之外，对于 SQL 语句型的段落，还可以设置不同的表单（form），Oracle ML 支持如下三种格式的表单。

- 文本输入框，格式为${formName=[defaultval]}。
- 选择框，格式为${formName=defaultval,option1|option2…}。
- 复选框，格式为${checkbox:formName=defaultval1|defaultval2…,option1|option2…}。

这三种表单的具体示例如图 5-15 至图 5-17 所示。

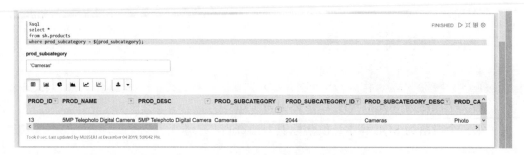

图 5-15　文本输入框式表单

图 5-16　选择框式表单

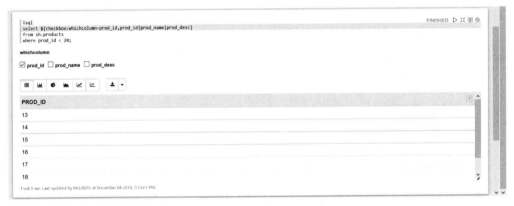

图 5-17　复选框式表单

当然，在每个段落的右上角，也有一些用于控制本段落设置的选项，与记事本标题部分的选项类似，如图 5-18 所示。

图 5-18　控制段落设置的选项

5.3　分类模型

Oracle ML 最大的价值就是可以在其中通过调用 Oracle ADW 内置的各种机器学

习算法来进行业务数据处理，从本节开始，我们将通过分类和关联规则两种算法，介绍如何使用 Oracle ML 来进行机器学习处理。

注：Oracle ADW 支持多种机器学习算法，我们在 2.4.10 节中已经列出了一部分，详细的内容可以参考

https://docs.oracle.com/en/database/oracle/oracle-database/19/dmapi/data-mining-PL-SQL-packages.html#GUID-52D4694F-5049-4D62-A911-B783A2EE625E。

相关的 PL/SQL package 是如下三个：

- DBMS_DATA_MINING
- DBMS_DATA_MINING_TRANSFORM
- DBMS_PREDICTIVE_ANALYTICS

另外，在 Oracle 的官方文档中，与数据挖掘和算法相关的文档一共是如下三个，各位读者也可以参阅相关内容：

- Data Mining API Guide
- Data Mining Concepts
- Data Mining User's Guide

5.3.1　分类算法概述

分类算法（Classification）是机器学习中最为常见的算法之一，也是常见的有监督学习算法。分类算法可以将给定集合中的项分配给目标类，目的是针对数据集中的不同情况来准确预测其目标类别。典型的应用之一就是银行对贷款申请人进行分类，从而预测给申请人发放贷款时的风险高低。

分类一般从一个数据集开始，通过该数据集可以知道类是如何分配的。例如，我们可以基于一段时间内许多贷款申请人的观测数据，进而开发出能够预测放贷风险的分类模型。除贷款申请人的历史信用等级信息外，还可以获取就业信息、房屋所有权或租金信息、居住年限，投资数量和类型等。在这里，信用等级是目标，其他属性是预测因素。每个申请人的数据，就构成了一个单独的案例。

需要注意，分类是离散而非连续的。连续的数值表示的是数字目标，而非分类目

标。具有数字目标的预测模型，使用的是回归（Regression）算法，而非分类算法。

分类问题最简单的类型是二进制分类，也就是说，目录分类只有两个可能的值：高信用等级或低信用等级。多类分类的目标则具有两个以上的值：低、中、高或未知信用等级。

常见的分类算法有 K-NN（K-Nearest Neighbor，K 近邻算法）、朴素贝叶斯（Naive Bayesian）、SVM（Support Vector Machine，支持向量机）、GLM（Generalized Linear Models，广义线性模型）、随机森林（Random Forest）和决策树（Decision Tree）等。

注：关于各种机器学习算法的相关知识，各位读者也可以参考笔者的译作《基于 Scala+Spark 的大数据分析》。

又注：关于分类算法的原理，各位读者还可以参阅

https://docs.oracle.com/en/database/oracle/oracle-database/19/dmcon/classification.html#GUID-3D51EC47-E686-4468-8F49-A27B5F8E8FE4。

5.3.2　构建分类模型

接下来，我们就在 Oracle ML 中创建一个新的记事本，并且介绍如何构建分类模型。我们这里使用的分类算法是决策树。

第一步，创建分类预测模型记事本并准备数据。

创建分类预测模型记事本，如图 5-19 所示。

图 5-19　创建分类预测模型记事本

在这里，我们要用到 SH 用户下的 SUPPLEMENTARY_DEMOGRAPHICS 表。该表中记录了人口统计信息，包含客户的 ID、受教育年限、职业、住户人数、居住年限、

是否购买联名卡（Affinity Card，也译作亲和卡）、有无纯平显示器、有无家庭影院、有无使用记账 App、有无使用打印机耗材、有无游戏主机等信息。总记录数为 4500 条。我们先查看该表的数据，SQL 语句如下：

```
%sql
SELECT * FROM SH.SUPPLEMENTARY_DEMOGRAPHICS;
```

输出结果如图 5-20 所示。

图 5-20　输出结果（查看表中数据）

这里我们也可以使用段落的控制选项，给该段落设置一个标题，如图 5-21 所示。

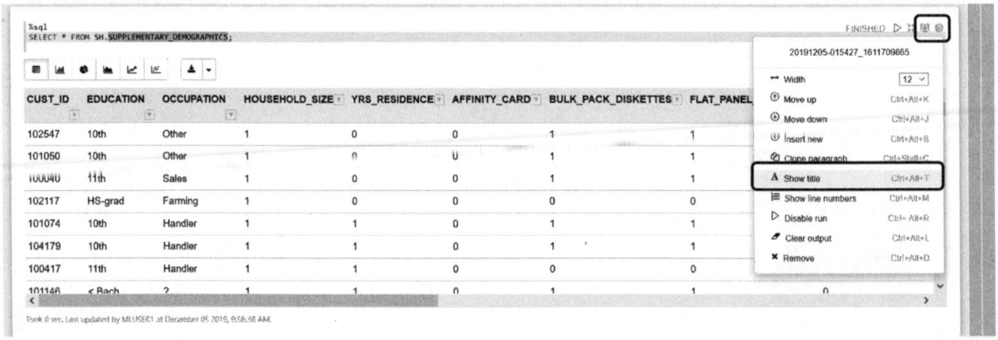

图 5-21　设置段落标题

然后在 Untitled 部分输入我们要显示的标题即可。

按照同样的方式，创建一个新的段落，统计该表中的记录数量，SQL 语句如下：

```
%sql
SELECT COUNT(*) FROM SH.SUPPLEMENTARY_DEMOGRAPHICS;
```

输出结果如图 5-22 所示。

图 5-22　输出结果（统计表中记录数量）

需要注意的是，当前的 SUPPLEMENTARY_DEMOGRAPHICS 表中已经包含了客户购买联名卡的相关信息。我们来查看其具体的分布情况。SQL 语句如下：

```
%sql
--本段落用于显示具体的分布情况（AFFINITY_CARD列的值为1，表示已购买联名卡）
SELECT CUST_ID, AFFINITY_CARD
FROM SH.SUPPLEMENTARY_DEMOGRAPHICS;
```

输出结果如图 5-23 所示。

图 5-23　输出结果（显示数据具体的分布情况）

注意，这里我们采用了条状图的格式来显示数据的具体分布信息。这样能够更清晰地查看分布情况。图 5-23 中的 Values 部分，使用的列为 CUST_ID，并且其数据聚合方式为 COUNT。

接下来，我们查看住户人数与办理联名卡之间的关系。新创建一段落，SQL 语句如下：

```
%sql
SELECT COUNT(CUST_ID) NUM_CUSTOMERS,
    HOUSEHOLD_SIZE,
    AFFINITY_CARD
FROM SH.SUPPLEMENTARY_DEMOGRAPHICS
GROUP BY HOUSEHOLD_SIZE,
    AFFINITY_CARD;
```

输出结果如图 5-24 所示。

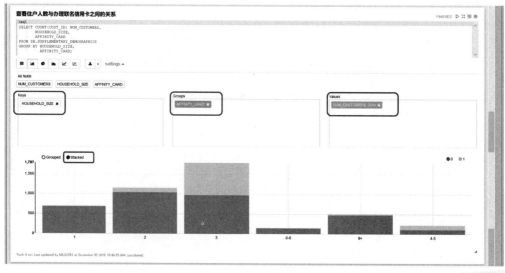

图 5-24　输出结果（查看住户人数与办理联名卡之间的关系）

在了解了 SH.SUPPLEMENTARY_DEMOGRAPHICS 表中的数据的具体分布情况之后，我们就基于该表创建一个视图，然后利用该视图来建立分类模型并进行预测。新创建的视图段落 SQL 脚本如下：

```
%script
drop view SUPPLEMENTARY_DEMOGRAPHICS4_V;
CREATE OR REPLACE VIEW SUPPLEMENTARY_DEMOGRAPHICS4_V
  AS (SELECT AFFINITY_CARD, BOOKKEEPING_APPLICATION,
      BULK_PACK_DISKETTES, CUST_ID, EDUCATION,
      FLAT_PANEL_MONITOR, HOME_THEATER_PACKAGE,
      HOUSEHOLD_SIZE, OCCUPATION, OS_DOC_SET_KANJI,
      PRINTER_SUPPLIES, YRS_RESIDENCE, Y_BOX_GAMES
```

```
FROM SH.SUPPLEMENTARY_DEMOGRAPHICS);
```

输出结果如图 5-25 所示。

图 5-25　输出结果（创建视图）

第二步，建立模型。

现在可以建立模型了。但是在建立模型之前，需要先删除与该模型相关的表，如果有的话。我们创建新的段落，然后执行如下 SQL 脚本：

```
%script

DECLARE
  v_sql varchar2(200);
  v_setlst DBMS_DATA_MINING.SETTING_LIST;

BEGIN
--删除模型（如果有的话）
BEGIN
    v_sql := 'CALL
DBMS_DATA_MINING.DROP_MODEL(''N1_CLASS_MODEL'')';
    EXECUTE IMMEDIATE v_sql;
    DBMS_OUTPUT.PUT_LINE (v_sql ||': succeeded');
EXCEPTION
    WHEN OTHERS THEN
    DBMS_OUTPUT.PUT_LINE (v_sql ||': drop unneccessary - no model
exists');
END;

    -- 删除已经应用的分析结果
BEGIN
    v_sql := 'DROP TABLE N1_APPLY_RESULT PURGE';
    EXECUTE IMMEDIATE v_sql;
    DBMS_OUTPUT.PUT_LINE (v_sql ||': succeeded');
EXCEPTION
    WHEN OTHERS THEN
```

```
        DBMS_OUTPUT.PUT_LINE (v_sql ||': drop unneccessary - no table
exists');
    END;

    -- 删除提升度（lift）结果
    BEGIN
        v_sql := 'DROP TABLE N1_LIFT_TABLE PURGE';
        EXECUTE IMMEDIATE v_sql;
        DBMS_OUTPUT.PUT_LINE (v_sql ||': succeeded');
    EXCEPTION
        WHEN OTHERS THEN
        DBMS_OUTPUT.PUT_LINE (v_sql ||': drop unneccessary - no table
exists');
    END;
    END;
```

执行结果如图 5-26 所示。

图 5-26　删除与分类预测模型相关的表

注意，这里的提升度（lift）是用来衡量模型预测性能好坏的一个指标。它适用于二进制的分类问题。如果模型并非二进制分类，则可以将其中一个分类指定为正类，其他类合并为一个负类，从而计算提升度。基本上，我们可以将提升度理解成两个百分数的比值：模型所做出的真阳性分类的百分数与测试数据中实际阳性分类的百分数。例如，如果营销调查中发现，有 40%的客户过去对促销活动做出了积极的评价（正面分类），并且该模型准确地预测出了其中的 75%，则提升度就是 0.75/0.4，也就是 1.875。

注：关于 lift 的更多内容，读者也可以参考

https://docs.oracle.com/en/database/oracle/oracle-database/19/dmcon/classification.html#GUID-C1821096-E396-4A56-8404-735946489D6E。

然后，建立一个新段落，用于创建训练集和测试集。我们这里要执行的 SQL 脚本如下：

```
%script

--生成训练数据集 N1_TRAIN_DATA (随机获取60%的数据)
--测试数据集N1_TEST_DATA (40%)

BEGIN

EXECUTE IMMEDIATE 'CREATE OR REPLACE VIEW N1_TRAIN_DATA AS SELECT *
FROM SUPPLEMENTARY_DEMOGRAPHICS4_V SAMPLE (60) SEED (1)';
    DBMS_OUTPUT.PUT_LINE ('Created N1_TRAIN_DATA');
    EXECUTE IMMEDIATE 'CREATE OR REPLACE VIEW N1_TEST_DATA AS SELECT *
FROM SUPPLEMENTARY_DEMOGRAPHICS4_V MINUS SELECT * FROM N1_TRAIN_DATA';
    DBMS_OUTPUT.PUT_LINE ('Created N1_TEST_DATA');

END;
```

执行结果如图 5-27 所示。

图 5-27　生成训练集和测试集数据

注意，一般在训练机器学习模型时，训练集和测试集的比例关系并没有特别严格的要求。无论是我们这里用到的 60/40，还是 75/25，或是 80/20，在真实场景中均有使用。读者可以根据数据量，以及相关模型的度量指标结果（准确度、精确度、混淆矩阵，或者 F1 值等），分别尝试不同的比例关系。

接下来，我们创建决策树分类预测模型。继续创建新的段落，然后执行如下 SQL 脚本：

```
%script

-- 删除原有的模型参数设置（如果有的话）
DECLARE
    v_sql varchar2(200);
    v_setlst DBMS_DATA_MINING.SETTING_LIST;

BEGIN
    v_sql := 'DROP TABLE N1_BUILD_SETTINGS PURGE';
    EXECUTE IMMEDIATE v_sql;
```

```
        DBMS_OUTPUT.PUT_LINE (v_sql ||': succeeded');
    EXCEPTION
      WHEN OTHERS THEN
        DBMS_OUTPUT.PUT_LINE (v_sql ||': drop unneccessary - no table
exists');
    END;
    /

    BEGIN
    -- 为模型设置参数
      EXECUTE IMMEDIATE
          'CREATE TABLE N1_BUILD_SETTINGS (setting_name VARCHAR2(30),
                                        setting_value
VARCHAR2(4000))';
      EXECUTE IMMEDIATE
          'INSERT INTO N1_BUILD_SETTINGS (setting_name, setting_value)
          VALUES (''ALGO_NAME'', ''ALGO_DECISION_TREE'')';
      EXECUTE IMMEDIATE
          'INSERT INTO N1_BUILD_SETTINGS (setting_name, setting_value)
          VALUES (''PREP_AUTO'', ''ON'')';
      DBMS_OUTPUT.PUT_LINE ('Created model build settings table:
N1_BUILD_SETTINGS ');

      -- 建立模型
      EXECUTE IMMEDIATE
          'CALL DBMS_DATA_MINING.CREATE_MODEL(''N1_CLASS_MODEL'',
              ''CLASSIFICATION'', ''N1_TRAIN_DATA'', ''CUST_ID'',''
AFFINITY_CARD'',
              ''N1_BUILD_SETTINGS'')';
      DBMS_OUTPUT.PUT_LINE ('Created model: N1_CLASS_MODEL_2 ');
    END;
```

执行结果如图 5-28 所示。

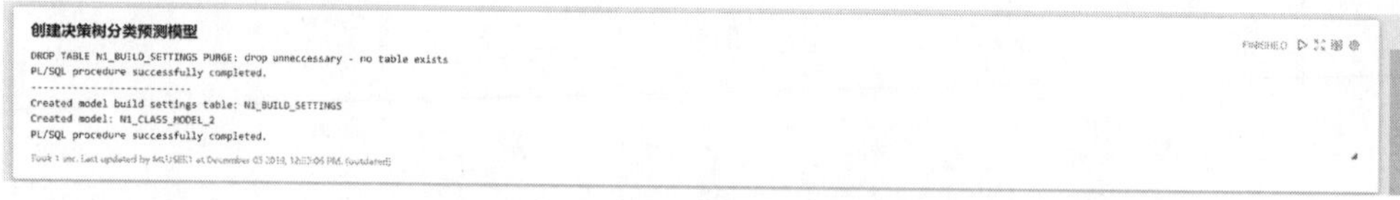

图 5-28　创建决策树分类预测模型

关于该段落执行的 SQL 脚本，做如下几点说明。

（1）为了给模型传递参数，我们创建了 N1_BUILD_SETTINGS 表，该表包含两列：SETTING_NAME 和 SETTING_VALUE。并且设置了两个参数：ALGO_NAME，值为 ALGO_DECISION_TREE；PREP_AUTO，值为 ON。ALGO_NAME 参数用于设置要使用过的算法名称，我们这里使用的是决策树算法，因此将其设置为 ALGO_DECISION_TREE。PREP_AUTO 参数，则是用于设置自动数据准备（Automatic Data Preparation，ADP），默认值为 ON。

也可以查询 ALL_MINING_MODEL_SETTINGS 这一数据字典视图来了解更多与模型相关的参数设置。

注：关于模型参数设置的更多内容，可以参阅

https://docs.oracle.com/en/database/oracle/oracle-database/19/arpls/DBMS_DATA_MINING.html#GUID-8987EE6F-41A9-4DF9-997C-129B41FDC59A。

（2）DBMS_DATA_MINING.CREATE_MODEL 这一过程，是用于创建模型的。CREATE_MODEL 过程有如下参数。

- MODEL_NAME 模型的名称，这里为 N1_CLASS_MODEL。
- MINING_FUNCTION 使用的算法名称，这里为 CLASSIFICATION。
- DATA_TABLE_NAME 存储训练集数据的表名，这里为 N1_TRAIN_DATA。
- CASE_ID_COLUMN_NAME 训练实例的标识列，这里为 CUST_ID。
- TARGET_COLUMN_NAME 目标列的名称，也就是预测结果列，这里为 AFFINITY_CARD。
- SETTINGS_TABLE_NAME 存储模型参数设置的表名，这里使用的是 N1_BUILD_SETTINGS。
- DATA_SCHEMA_NAME 存储模型数据的方案名称，如果没有设置，则为当前用户。
- SETTINGS_SCHEMA_NAME 存储模型参数设置表的方案名称，如果没有设置，则为当前用户。
- XFORM_LIST 附加在自动转换或替代自动转换操作的转换列表。它依赖于之前的 PREP_AUTO 参数的设置。关于自动转换的内容，可以参阅 https://docs.oracle.com/en/database/oracle/oracle-database/19/arpls/DBMS_DATA_MINING.html#GUID-5043274C-C753-47DE-9E60-D8528ADAC78D。

第三步，模型评估。

模型创建之后，我们需要对该模型进行一些评估。我们继续创建一个新的段落，执行如下 SQL 脚本：

```
%script
-- 生成模型的应用结果和提升度结果来测试模型
BEGIN
  EXECUTE IMMEDIATE
  'CALL DBMS_DATA_MINING.APPLY(

''N1_CLASS_MODEL'',''N1_TEST_DATA'',''CUST_ID'',''N1_APPLY_RESULT'')
';
    DBMS_OUTPUT.PUT_LINE ('生成模型应用结果: N1_APPLY_RESULT ');
    EXECUTE IMMEDIATE
    'CALL DBMS_DATA_MINING.COMPUTE_LIFT(

''N1_APPLY_RESULT'',''N1_TEST_DATA'',''CUST_ID'',''AFFINITY_CARD'',

''N1_LIFT_TABLE'',''1'',''PREDICTION'',''PROBABILITY'',100)';
    DBMS_OUTPUT.PUT_LINE ('生成提升度结果: N1_LIFT_TABLE ');
  END;
```

执行结果如图 5-29 所示。

图 5-29　模型评估

这里的 DBMS_DATA_MINING.APPLY 过程，是为了将之前创建的模型应用到测试数据集上。

该过程包含的参数如下。

- MODEL_NAME 模型的名称，这里为 N1_CLASS_MODEL。
- DATA_TABLE_NAME 存储训练集数据集的表名，这里为 N1_TEST_DATA。
- CASE_ID_COLUMN_NAME 训练实例的标识列，这里为 CUST_ID。
- RESULT_TABLE_NAME 存储应用结果的表名，这里为 N1_APPLY_RESULT。该表无须手工创建，过程运行期间会自动创建，我们只需提供表名即可。
- DATA_SCHEMA_NAME 存储模型数据的方案名称，默认为当前用户。

注：APPLY 过程的相关内容，也可以参考 https://docs.oracle.com/en/database/oracle/oracle-database/19/dmapi/DBMS_DATA_MINING.html#GUID-7D936294-87C0-4A6C-98EA-AD4FC5F7878F。

DBMS_DATA_MINING.COMPUTE_LIFT 过程则是用于计算提升度的。该过程包含如下参数。

- APPLY_RESULT_TABLE_NAME 包含模型应用结果的表名，这里是 N1_APPLY_RESULT。
- TARGET_TABLE_NAME 应用模型的测试数据表名（包含已知的结果），这里是 N1_TEST_DATA。
- CASE_ID_COLUMN_NAME 训练实例的标识列，这里为 CUST_ID。
- TARGET_COLUMN_NAME 目标列的名称，也就是预测结果列，这里为 AFFINITY_CARD。
- LIFT_TABLE_NAME 包含提升度信息的表名。同样在运行期间自动创建。
- POSITIVE_TARGET_VALUE 阳性类。该类是你感兴趣的类。我们这里是要预测客户是否购买联名卡，因此值为 1。
- SCORE_COLUMN_NAME 应用结果表中包含预测的列，这里为 PREDICTION。
- SCORE_CRITERION_COLUMN_NAME 应用结果表中包含评分标准的列，默认为 PROBABILITY。
- NUM_QUANTILES 计算提升度时使用的分位数，默认值为 10，这里为 100。
- COST_MATRIX_TABLE_NAME 定义与错误分类相关的成本表。如果提供了成本矩阵表，并且 SCORE_CRITERION_TYPE 的值为 COST，则这些成本将会作为评分标准。
- APPLY_RESULT_SCHEMA_NAME 存放应用结果表的方案名，默认为当前用户。
- TARGET_SCHEMA_NAME 包含已知目标结果表的方案名，默认为当前用户。
- COST_MATRIX_SCHEMA_NAME 存放成本矩阵表的方案名，默认为当前用户。
- SCORE_CRITERION_TYPE 是否使用概率或成本作为评分标准，概率或成本在 SCORE_CRITERION_COLUMN_NAME 参数中标识的列中传递。SCORE_CRITERION_TYPE 的默认值为 PROBABILITY。要将成本用作评分标准，应指定 COST。如果将 SCORE_CRITERION_TYPE 设置为 COST，但未提供成本矩阵，并且如果存在与模型关联的计分成本矩阵，则将关联的成本用于计分。

注：关于成本及成本矩阵，也可以参考 https://docs.oracle.com/en/database/oracle/oracle-database/19/dmcon/classification.html#GUID-90CBA874-4713-4257-8D0A-2B3C20CA2D29。

注：关于 COMPUTE_LIFT 过程，也可以参考 https://docs.oracle.com/en/database/oracle/oracle-database/19/dmapi/DBMS_DATA_MINING.html#GUID-FCB84437-585F-4C25-973D-126A2B79075B。

然后，我们基于模型应用结果，来查看模型累计收益和提升图。我们创建新的段落，并执行如下 SQL 语句：

```
%sql
SELECT QUANTILE_NUMBER, GAIN_CUMULATIVE FROM N1_LIFT_TABLE;
```

执行结果如图 5-30 所示。

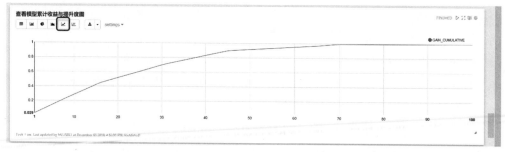

图 5-30　查看模型累计收益与提升度图

这里的 GAIN_CUMULATIVE 列，显示了阳性目标的累计数量与阳性目标总数的一个比值。

注：关于计算提升度之后，生成的提升度表中包含了哪些列，以及各列所对应的含义，读者也可以参考 https://docs.oracle.com/en/database/oracle/oracle-database/19/dmapi/DBMS_DATA_MINING.html#GUID-FCB84437-585F-4C25-973D-126A2B79075B，以及 https://docs.oracle.com/en/database/oracle/oracle-database/19/dmapi/classification.html#GUID-8AEC30B7-156F-483A-9869-AAB815618EBA。

显示购买联名卡的可能性大于50%的客户信息，执行如下 SQL 语句：

```
%sql
SELECT CUST_ID, PREDICTION PRED, ROUND(PROBABILITY,3) PROB,
    ROUND(COST,2) COST
FROM N1_APPLY_RESULT WHERE PREDICTION = 1 AND PROBABILITY > 0.5
ORDER BY PROBABILITY DESC;
```

执行结果如图 5-31 所示。

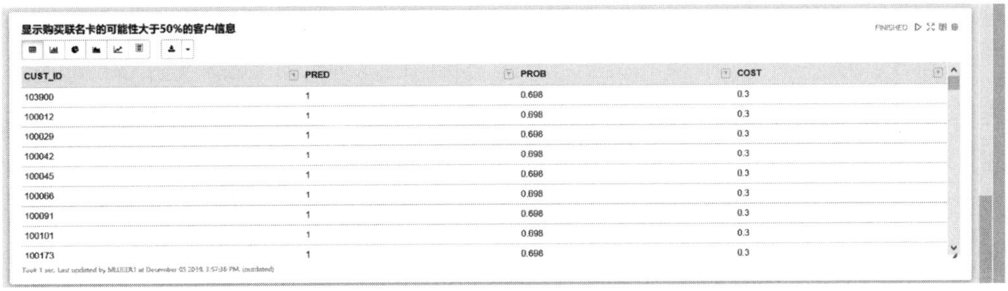

图 5-31 显示购买联名卡的可能性大于 50%的客户信息

显示不太可能购买联名卡的用户，执行如下 SQL 语句：

```
%sql
SELECT CUST_ID, PREDICTION, ROUND(PROBABILITY,2) PROB, ROUND(COST,2)
COST
FROM N1_APPLY_RESULT
WHERE PREDICTION = ${PREDICTION='1','1'|'0'}
  AND PROBABILITY > 0.5 ORDER BY PROBABILITY DESC;
```

执行结果如图 5-32 所示。

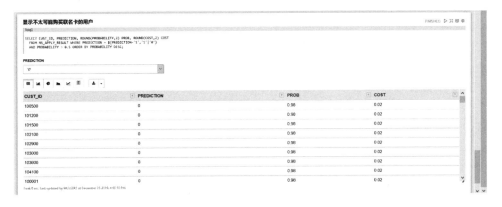

图 5-32 显示不太可能购买联名卡的用户

5.4 关联规则

5.4.1 关联规则概述

关联本身是一种数据挖掘算法，它可以发现数据集中某些项同时出现的可能性。同时出现的项之间的关系称为关联规则（Association Rules）。

关联规则是一种典型的无监督学习算法。我们最常听到的啤酒和纸尿裤的故事，其实就是关联规则算法的一种典型应用。在实际应用中，菜篮子分析可能是关联规则最为常用的场景之一。我们可以通过分析不同顾客的菜篮子，来找出哪些销售的产品之间存在强相关性，然后据此进行打包销售等各种销售措施。

注：关于关联规则算法的基本原理，读者可以参考

https://docs.oracle.com/en/database/oracle/oracle-database/19/dmcon/association.html
#GUID-491998B3-B92B-4F84-8A79-94780B8AFD0C。

也可以参考维基百科上的相关知识，链接为

http://wikipedia.moesalih.com/Association_rules。

5.4.2 构建关联规则模型

构建关联规则模型与创建分类预测模型的处理步骤类似，具体步骤如下。

第一步，创建记事本并查询数据。

我们创建关联规则模型记事本，如图 5-33 所示。

图 5-33　创建关联规则模型记事本

在这里，我们同样使用 SH 用户下的样例数据来构建此模型。我们使用的是先验算法。

注：先验算法是关联规则中的经典算法，其设计目的是为了处理包含交易信息内容的数据库（如顾客的购买商品清单，或者经常访问的网页清单等）。而其他的算法则是设计用来寻找无交易信息（如 Winepi 算法和 Minepi 算法），或者无时间标记（如 DNA 测序等）的数据之间的联系规则。在关联规则中，一般对于给定的项集，算法通常会尝试在项集中找出至少有 *C* 个相同的子集。先验算法采用自底向上的处理方法，也就是频繁子集每次只扩展一个对象（该步骤也被称为候选集产生），并且候选集由数据进行检验。当不再产生符合条件的扩展对象时，则算法终止。先验算法采用广度优先的搜索算法进行搜索，并采用树状结构来对候选项集进行高效计数。

关于先验算法（Apriori），以及这里和后面提到的频繁子集、支持度、信任度等术语，读者也可以参考 https://docs.oracle.com/en/database/oracle/oracle-database/19/dmapi/apriori.html#GUID-B7D12599-FB4C-45E3-BCE4-E54A3C6F0E64。

我们首先创建一个段落，来查询 SH.SALES 表中的数据。SQL 语句如下：

```
%sql
SELECT CUST_ID, TIME_ID, PROD_ID, QUANTITY_SOLD,
      AMOUNT_SOLD, CHANNEL_ID, PROMO_ID
FROM SH.SALES
ORDER BY CUST_ID, TIME_ID, PROD_ID;
```

执行结果如图 5-34 所示。

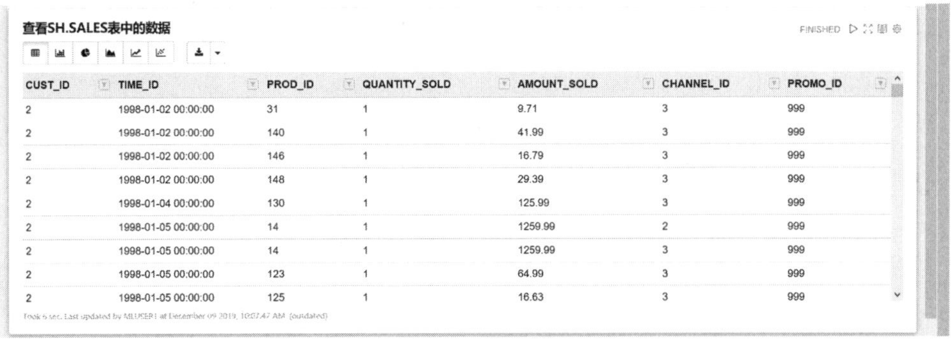

CUST_ID	TIME_ID	PROD_ID	QUANTITY_SOLD	AMOUNT_SOLD	CHANNEL_ID	PROMO_ID
2	1998-01-02 00:00:00	31	1	9.71	3	999
2	1998-01-02 00:00:00	140	1	41.99	3	999
2	1998-01-02 00:00:00	146	1	16.79	3	999
2	1998-01-02 00:00:00	148	1	29.39	3	999
2	1998-01-04 00:00:00	130	1	125.99	3	999
2	1998-01-05 00:00:00	14	1	1259.99	2	999
2	1998-01-05 00:00:00	14	1	1259.99	3	999
2	1998-01-05 00:00:00	123	1	64.99	3	999
2	1998-01-05 00:00:00	125	1	16.63	3	999

Took 5 sec. Last updated by MLUSER1 at December 09 2019, 10:07:47 AM. (outdated)

图 5-34　查看 SH.SALES 表中的数据

然后，查看 SH.PRODUCTS 表中的数据。SQL 语句如下：

```sql
%sql
SELECT * FROM SH.PRODUCTS;
```

执行结果如图 5-35 所示。

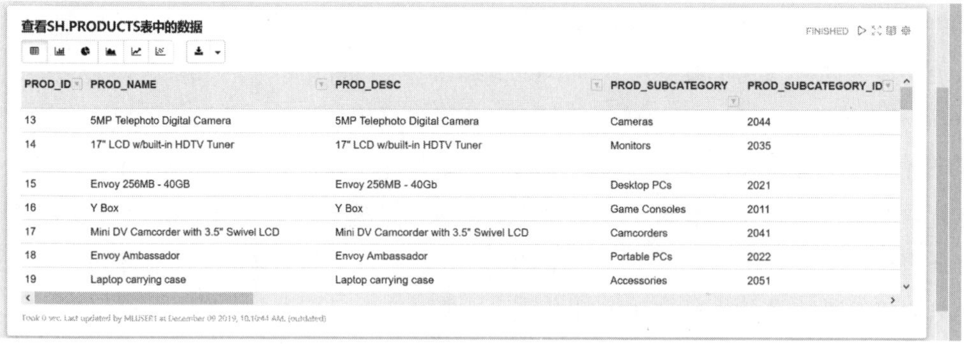

图 5-35　查看 SH.PRODUCTS 表中的数据

下面基于上述两张表来创建一个视图。SQL 脚本如下：

```
%script

CREATE OR REPLACE VIEW SALES_TRANS_CUST AS
  SELECT DISTINCT CUST_ID, PROD_NAME, PROD_CATEGORY
  FROM (SELECT A.CUST_ID, B.PROD_NAME, B.PROD_CATEGORY
      FROM SH.SALES A, SH.PRODUCTS B
      WHERE A.PROD_ID = B.PROD_ID
      AND   A.CUST_ID BETWEEN 100001 AND 104500);
```

执行结果如图 5-36 所示。

图 5-36　创建 SALES_TRANS_CUST 视图

接下来查看该新建的视图的数据。SQL 语句如下：

```sql
%sql
SELECT * FROM SALES_TRANS_CUST;
```

执行结果如图 5-37 所示。

查看SALES_TRANS_CUST视图的数据

CUST_ID	PROD_NAME	PROD_CATEGORY
100091	18" Flat Panel Graphics Monitor	Peripherals and Accessories
100113	18" Flat Panel Graphics Monitor	Peripherals and Accessories
100114	18" Flat Panel Graphics Monitor	Peripherals and Accessories
100138	18" Flat Panel Graphics Monitor	Peripherals and Accessories
100232	18" Flat Panel Graphics Monitor	Peripherals and Accessories
100268	18" Flat Panel Graphics Monitor	Peripherals and Accessories
100292	18" Flat Panel Graphics Monitor	Peripherals and Accessories
100300	18" Flat Panel Graphics Monitor	Peripherals and Accessories
100317	18" Flat Panel Graphics Monitor	Peripherals and Accessories

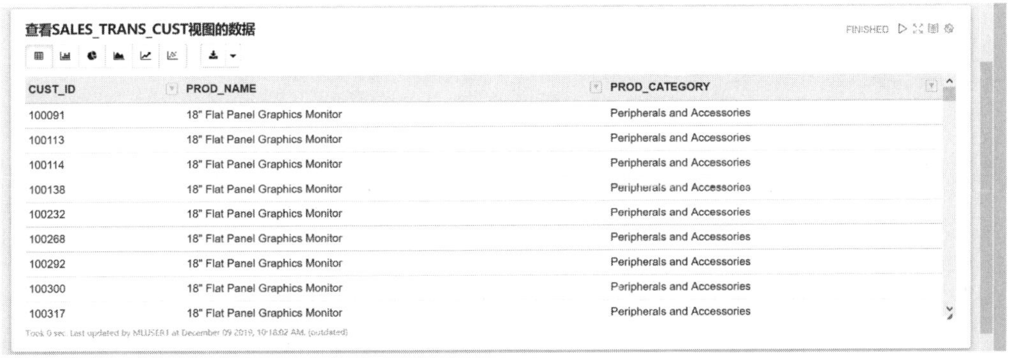

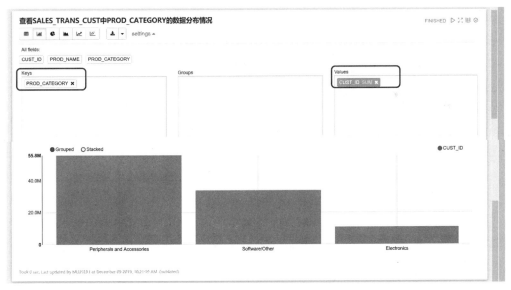

图 5-37　查看 SALES_TRANS_CUST 视图的数据

最后，我们查看 SALES_TRANS_CUST 中 PROD_CATEGORY 的数据分布情况。SQL 语句如下：

```
%sql
SELECT * FROM SALES_TRANS_CUST;
```

执行结果如图 5-38 所示。

图 5-38　查看 SALES_TRANS_CUST 中 PROD_CATEGORY 的数据分布情况

第二步，建立模型。

在本步骤中，我们将建立关联规则分析模型。首先，我们需要删除相关的表。要执行的 SQL 脚本如下：

```
%script

DECLARE
v_sql VARCHAR2(100);

BEGIN

BEGIN
    v_sql := 'CALL DBMS_DATA_MINING.DROP_MODEL(''AR_SH_SAMPLE'')';
    EXECUTE IMMEDIATE v_sql;
    DBMS_OUTPUT.PUT_LINE (v_sql ||': succeeded');
  EXCEPTION
    WHEN OTHERS THEN
    DBMS_OUTPUT.PUT_LINE (v_sql ||': drop unneccessary - no model
exists');
    END;

BEGIN
    v_sql := 'DROP Table AR_SH_SAMPLE_SETTINGS';
    EXECUTE IMMEDIATE v_sql;
  EXCEPTION
    WHEN OTHERS THEN NULL;
    END;

    END;
```

执行结果如图 5-39 所示。

图 5-39 删除关联规则模型相关的表

创建关联规则模型参数设置表。SQL 的如下：

```
%sql

CREATE TABLE AR_SH_SAMPLE_SETTINGS (
  SETTING_NAME  VARCHAR2(30),
  SETTING_VALUE VARCHAR2(4000));
```

执行结果如图 5-40 所示。

图 5-40　创建关联规则模型参数设置表

然后向该表中插入记录，以便定义模型参数。SQL 脚本如下：

```
%script

BEGIN
    INSERT INTO AR_SH_SAMPLE_SETTINGS
    VALUES (DBMS_DATA_MINING.ASSO_MIN_SUPPORT,0.04);
    INSERT INTO AR_SH_SAMPLE_SETTINGS
    VALUES (DBMS_DATA_MINING.ASSO_MIN_CONFIDENCE,0.1);
    INSERT INTO AR_SH_SAMPLE_SETTINGS
    VALUES (DBMS_DATA_MINING.ASSO_MAX_RULE_LENGTH,3);
    INSERT INTO AR_SH_SAMPLE_SETTINGS
    VALUES (DBMS_DATA_MINING.ODMS_ITEM_ID_COLUMN_NAME,
'PROD_NAME');
    COMMIT;
END;
```

执行结果如图 5-41 所示。

图 5-41　定义关联规则模型参数

我们来查看模型参数设置结果。SQL 语句如下：

```
%sql
SELECT * FROM AR_SH_SAMPLE_SETTINGS;
```

执行结果如图 5-42 所示。

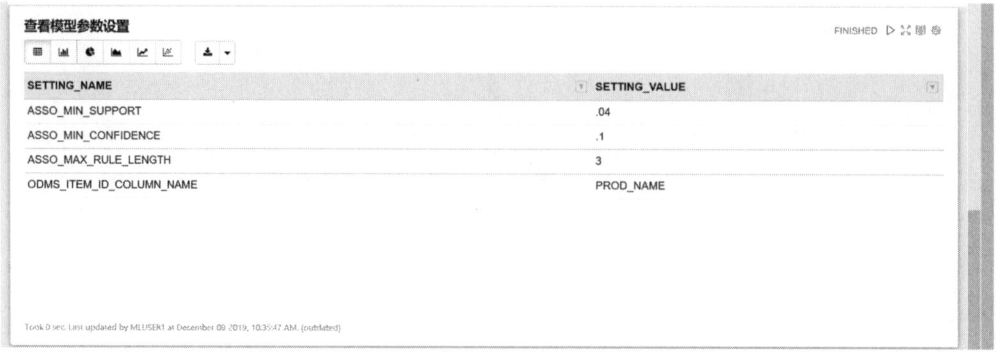

SETTING_NAME	SETTING_VALUE
ASSO_MIN_SUPPORT	.04
ASSO_MIN_CONFIDENCE	.1
ASSO_MAX_RULE_LENGTH	3
ODMS_ITEM_ID_COLUMN_NAME	PROD_NAME

图 5-42　查看模型参数设置

这里我们设置了与关联规则算法相关的四个参数，说明如下。

- ASSO_MIN_SUPPORT：用于设置当前关联规则算法的最小支持度。
- ASSO_MIN_CONFIDENCE：用于设置当前关联规则算法的最小信任度。
- ASSO_MAX_RULE_LENGTH：用于设置当前关联规则算法的最大规则长度。
- ODMS_ITEM_ID_COLUMN_NAME：用于设置数据集中包含项的列。

注：关于 ODMS_ITEM_ID_COLUMN_NAME，读者也可以参考

https://docs.oracle.com/en/database/oracle/oracle-database/19/arpls/DBMS_DATA_MINING.html#GUID-24047A09-0542-4870-91D8-329F28B0ED75。

接下来我们创建关联规则模型。SQL 脚本如下：

```
%script

BEGIN
    DBMS_DATA_MINING.CREATE_MODEL(
    MODEL_NAME          => 'AR_SH_SAMPLE',
    MINING_FUNCTION     => DBMS_DATA_MINING.ASSOCIATION,
    DATA_TABLE_NAME     => 'SALES_TRANS_CUST',
    CASE_ID_COLUMN_NAME => 'CUST_ID',
    SETTINGS_TABLE_NAME => 'AR_SH_SAMPLE_SETTINGS'
    );
END;
```

执行结果如图 5-43 所示。

图 5-43　创建关联规则模型

此时，我们可以查看当前所创建的关联规则模型，它使用了哪些参数，以及这些参数的设置。SQL 语句如下：

```
%sql
SELECT SETTING_NAME, SETTING_VALUE
  FROM USER_MINING_MODEL_SETTINGS
  WHERE MODEL_NAME = 'AR_SH_SAMPLE'
  ORDER BY SETTING_NAME;
```

执行结果如图 5-44 所示。

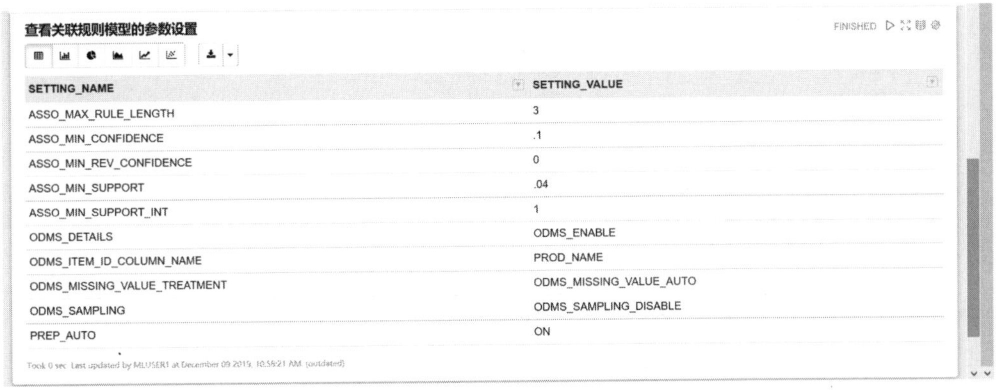

SETTING_NAME	SETTING_VALUE
ASSO_MAX_RULE_LENGTH	3
ASSO_MIN_CONFIDENCE	.1
ASSO_MIN_REV_CONFIDENCE	0
ASSO_MIN_SUPPORT	.04
ASSO_MIN_SUPPORT_INT	1
ODMS_DETAILS	ODMS_ENABLE
ODMS_ITEM_ID_COLUMN_NAME	PROD_NAME
ODMS_MISSING_VALUE_TREATMENT	ODMS_MISSING_VALUE_AUTO
ODMS_SAMPLING	ODMS_SAMPLING_DISABLE
PREP_AUTO	ON

图 5-44　查看关联规则模型的参数设置

注意，这里用到的 USER_MINING_MODEL_SETTINGS 是数据库提供的一个视图，用于展示当前用户创建的不同分析模型时相应的参数设置。其中以 ODMS 为前缀的参数，是适用于所有模型的全局性参数，读者也可以参考 Oracle 数据库的官方文档 *PL/SQL Packages and Types Reference* 中的 45.4.4 节，具体链接为

https://docs.oracle.com/en/database/oracle/oracle-database/19/arpls/DBMS_DATA_MINING.html#GUID-24047A09-0542-4870-91D8-329F28B0ED75。

第三步，模型评估。

查看 top10 的采购商品清单。SQL 语句如下：

```
%sql
```

```
    SELECT ITEM, SUPPORT, NUMBER_OF_ITEMS
    FROM (SELECT I.ATTRIBUTE_SUBNAME AS ITEM,
                 F.SUPPORT,
                 F.NUMBER_OF_ITEMS
          FROM
TABLE(DBMS_DATA_MINING.GET_FREQUENT_ITEMSETS('AR_SH_SAMPLE',10)) F,
           TABLE(F.ITEMS) I
          ORDER BY NUMBER_OF_ITEMS, SUPPORT DESC, ITEM);
```

执行结果如图 5-45 所示。

查看top10的采购商品清单

FINISHED

ITEM	SUPPORT	NUMBER_OF_ITEMS
Mouse Pad	0.32234042553191489	1
Standard Mouse	0.32127659574468087	1
SIMM- 16MB PCMCIAII card	0.31808510638297871	1
Extension Cable	0.31170212765957445	1
18" Flat Panel Graphics Monitor	0.31063829787234043	1
External 8X CD-ROM	0.30531914893617024	1
CD-RW, High Speed Pack of 5	0.29255319148936171	1
Model SM26273 Black Ink Cartridge	0.21702127659574469	1
Multimedia speakers- 3" cones	0.19574468085106383	1
O/S Documentation Set - English	0.19468085106382979	1

Took 1 sec. Last updated by MLUSER1 at December 09 2019, 11:27:16 AM. (outdated)

图 5-45 查看 top10 的采购商品清单

查看 top10 的一起采购商品清单。SQL 语句如下：

```
    %sql

    SELECT RULE_ID,
           A.ATTRIBUTE_SUBNAME ANTECEDENT,
           C.ATTRIBUTE_SUBNAME CONSEQUENT,
           RULE_SUPPORT SUPP,
           RULE_CONFIDENCE CONF,
           ROW_NUMBER() OVER (PARTITION BY RULE_ID ORDER BY
                         A.ATTRIBUTE_SUBNAME) PIECE
    FROM TABLE(DBMS_DATA_MINING.GET_ASSOCIATION_RULES('AR_SH_SAMPLE',
10)) T,
           TABLE(T.CONSEQUENT) C,
           TABLE(T.ANTECEDENT) A
    ORDER BY CONF DESC, SUPP DESC, PIECE;
```

执行结果如图 5-46 所示。

查看top10的一起采购商品清单 FINISHED

RULE_ID	ANTECEDENT	CONSEQUENT	SUPP	CONF	PIECE
152	Extension Cable	Standard Mouse	0.15531914893617021	0.87425149700598803	1
152	Mouse Pad	Standard Mouse	0.15531914893617021	0.87425149700598803	2
151	Extension Cable	Mouse Pad	0.15531914893617021	0.85882352941176465	1
151	Standard Mouse	Mouse Pad	0.15531914893617021	0.85882352941176465	2
150	Mouse Pad	Extension Cable	0.15531914893617021	0.84393063583815031	1
150	Standard Mouse	Extension Cable	0.15531914893617021	0.84393063583815031	2
143	Extension Cable	Mouse Pad	0.043617021276595745	0.68333333333333335	1
143	Model SM26273 Black Ink Cartridge	Mouse Pad	0.043617021276595745	0.68333333333333335	2
146	Extension Cable	Standard Mouse	0.042553191489361701	0.66666666666666663	1

Took 0 sec.. Last updated by MLUSER1 at December 09 2019, 11:30:29 AM. (outdated)

图 5-46　查看 top10 的一起采购商品清单

Oracle ML 提供了对有监督学习中的分类、回归、特征选择，以及无监督学习中的聚类、关联、特征提取、异常检测等算法的支持。读者可以通过 Oracle ML 来开发设计自己所需要的各种分析模型。

在 Oracle 的官方文档中也提供了一些与 Oracle ML 相关的实验，读者也可以参考 https://docs.oracle.com/en/cloud/paas/autonomous-data-warehouse-cloud/tutorials.html。

5.5　本章小结

Oracle APEX 是面向开发人员的工具平台，Oracle ML 则是面向专业的数据分析人员，尤其是数据科学家的工具。通过 Oracle ML，我们可以轻松地使用 Oracle ADW 所提供的各种机器学习模型，并结合 ADW 强大的数据处理能力，进而完成对大量数据的分析和预测工作。

第 3 部分
增强分析技术与应用篇

构建数据仓库的目的在于数据分析。在本部分中，我们将为读者介绍数据分析的未来——增强分析（Augmented Analytics）技术，以及 Oracle 为应对这一趋势而推出的 OAC（Oracle Analytics Cloud）。除介绍 OAC 强大的功能外，我们还将结合 OAC 在我国的应用实践及客户案例，为读者介绍 OAC 的一些真实的应用情况。

第 6 章

OAC 技术与功能

6.1　增强分析

2019 年，知名的 IT 信息研究与分析机构 Gartner 在其《Gartner 数据与分析领域十大趋势》中明确提出，增强分析将会成为分析与商业智能（Analytics and BI）、数据科学与机器学习平台（Data Science and ML Platforms）及嵌入式分析市场新增购买的主要驱动力。Gartner 指出，增强分析功能可以自动发现并显示业务中最为重要的见解或变化，从而优化决策。与手动方式相比，它消耗的时间要短得多。增强分析使得洞察力可适用于所有的业务角色。

注：关于 Gartner 的这篇文章，各位读者可以参阅

https://www.gartner.com/smarterwithgartner/gartner-top-10-data-analytics-trends/。

那么，何为增强分析（Augmented Analytics）？

按照 Gartner 给出的解释，增强分析是数据与分析市场领域的下一波颠覆性技术，它利用机器学习（ML）和人工智能改变了分析内容的管理、开发及分享的方式。

简而言之，所谓增强分析，就是充分发挥 ML 和 AI 的优势，降低数据分析的技术门槛和工作量，使得在之前需要专业人员才能进行的数据分析工作，现在在一线的

业务人员也可以轻松进行。

目前，市面上有众多的分析工具和技术，而全面实现了增强分析功能的分析类产品则少了很多。其中，Oracle 的 OAC 就是基于 Oracle 公有云服务的一款卓越的分析产品。

6.2 OAC 简介

OAC 全称为 Oracle Analytics Cloud，即 Oracle 分析云服务。隶属于 Oracle 分析类产品的大家族。除 OAC 之外，Oracle 还有 OAS（Oracle Analytics Server，面向用户本地部署的分析产品，同样也具备 OAC 的全部功能），以及 OAX（Oracle Analytics for Applications，主要用于 Oracle SaaS 类的应用，如 ERP Cloud、HCM Cloud 及 SCM Cloud 等）。当然还有桌面版 OAD（Oracle Analytics for Desktop）。

OAC 通过现代的、基于 AI 的自助服务分析功能，为业务分析人员和 IT 人员提供了强大的支持，从而让他们可以进行数据准备、可视化处理、企业级报告生成、增强分析，以及自然语言的处理和生成等。

OAC 具备如下显著特点。

● 自助式数据探索

世界一流的可视化产品，必须满足四个条件：易于使用；具有惊人的视觉吸引力；能够从受控环境或个人来源中访问数据；可以在用户的组织中进行复杂分析并共享。OAC 充分满足上述条件，并且提供了交互式的数据探索与分析功能，使得没有什么 IT 背景知识的业务人员也可以轻松探索数据并进行分析。

● 增强分析

Oracle 通过将机器学习和 AI 嵌入到分析过程的各个方面来为用户提供更深刻的数据洞察能力，使得用户的工作比以往任何时候都容易。OAC 采用了智能数据准备和发现功能来增强用户进行数据分析的整体体验。

● 自然语言处理

通常情况下，人们并不会像计算机那样说话。但是，我们却需要借助计算机来快速得到最佳决策的答案。OAC 旨在清晰翻译用户的问题，并将其适用于分析系统。使用 NLP（Natural Language Processing）和 NLG（Natural Language Generation），用户可以快速、清晰地提出问题并获得答案。

- 分析仪表盘

所有的企业和组织都希望能够根据我们是谁以及我们在做什么来交互式地访问个性化的信息。仪表盘可以聚合来自各种来源和系统的内容，从而为用户提供个性化的数据视图，并能够让用户以单一的集成体验与该数据进行完全的交互分析。

- 移动扩展

移动互联网大行其道的今天，企业往往需要在何时何地都能够获取信息。这就要求能够在移动设备上提问和获得答案。OAC 可以使得用户在 AI 的加持下，轻松了解自己所感兴趣的内容，并将其与他人分享。

- 集成化数据准备

一般来说，数据准备总是比计划要花费更多的时间，并且在数据准备好之前，是无法对其进行分析的。因此，Oracle 认为数据准备和分析是不可分割的。在数据准备过程中，可以对数据进行增强、修复，以便创建更为丰富的数据集，改善洞察力。

- 数据连接器

数据是所有组织的命脉，尤其是在普遍进行数字化转型的今天。无论数据来源在何处或是位置如何，访问数据都是必不可少的。OAC 能够确保用户从各种应用程序和数据存储中访问混合数据（无论数据是在用户内部、云上，还是在桌面上）。对多种数据源进行访问，将能够产生更多、更丰富的数据分析结果。

- 协作与发布

用户若需要充分利用数据，发挥数据的价值，就需要轻松地与任何人共享成果，并且在各个团队之间进行精巧协作以优化分析内容。OAC 允许发挥每个人的集体智慧来推动见解，从而迅速采取行动并取得最佳结果。

- 治理企业级分析

可信数据是任何企业进行分析和开发 BI 程序的基础。不仅如此，用户还需要能够自由地组合和探索其他数据源，从而发现潜在的问题根源，或者发现新的问题。OAC 可以利用符合用户安全需求的数据源来构建分析的数据模型，从而在治理框架内实现数据的自由分析。

- 嵌入式分析

OAC 不仅可以进行结果的汇总分析与数据探索，还可以在业务流程中进行分析，而这一点往往是极具价值的。也就是说，企业和组织往往需要将分析嵌入到另一个应用程序中去，从而可以在网页中发布分析结果，或者启用聊天机器人来进行交互。通过嵌入式分析，用户可以将数据放置于最佳的影响点。

- 企业级架构与安全

对于不同的企业和组织而言，它们都希望自助服务分析能够与可靠、可扩展的数据分析治理框架相结合。支撑 OAC 的体系结构和安全模型完全可以满足这样的需求，并允许用户的组织根据连接性、身份验证，以及处理能力方面的需求来定制分析系统。对于用户而言，虽然这些内容是不太容易看到的，但这是保证系统能够安全稳定运行的关键性基础架构。

- 预测分析

对于用户而言，他们需要简单的一键式操作及强大的机器学习模型，从而可以预测结果并更好地理解数据。为了帮助组织让每个人都能够进行复杂的数据分析，OAC 专注于嵌入、使用和训练 ML 模型，从而丰富用户的数据准备、发现，以及协作等工作。

注：关于 OAC，读者也可以参考 OAC 官方网站 https://www.oracle.com/solutions/business-analytics/analytics-cloud.html。

6.3 OAC 实例的创建与登录

首先单击 Oracle Cloud 的导航栏，如图 6-1 所示。

依次单击"分析"→"Analytics Cloud"，即可进入分析云管理页面，如图 6-2 所示。

单击"创建实例"按钮，进入 OAC 实例的创建页面，如图 6-3 所示。

在这里，我们需要选择区间并设置 OAC 实例名称、说明、特性集、容量，许可证类型，以及标记等。特征集有两个选项：Enterprise Analytics 和 Self Service Analytics。前者除包含后者的全部内容外，还拥有企业级的分析功能（参考 6.10 节）。此外，这里还需要注意的就是容量设置。OCPU 个数初始无须选择太大，可以在日后运行过程中在线扩展。但需要注意的是，如果在创建 OAC 实例时，将 OCPU 的个数设置为 1-

非生产，则以后将无法在线扩展 OCPU 的个数。

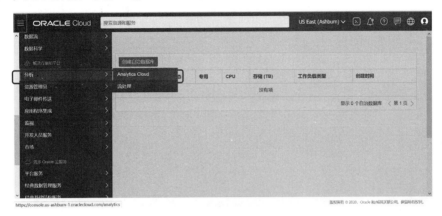

图 6-1　进入分析云

图 6-2　分析云管理页面

图 6-3　OAC 实例的创建页面

确认配置之后，单击"创建"按钮，稍微等待一会即可生成新的 OAC 实例。在当前的 OAC 实例列表页中即可看到当前创建的实例，之后我们可以登录 OAC。

OAC 主页面如图 6-4 所示。

图 6-4　OAC 主页面

6.4　OAC 功能概述

从 OAC 的主界面开始，我们可以通过不同的方式来进入 OAC 的各个功能模块，并开始进行相应的工作。我们先进入 OAC 的主菜单。单击图 6-4 左上角的导航器按钮，即可展开 OAC 导航菜单，如图 6-5 所示。

图 6-5　OAC 导航菜单

在目录页面下，可以看到当前 OAC 实例中已有的项目，所谓的项目，就是我们进行的一次数据分析，包含整理后的数据、制作成的画布及报表等。这些项目分布在两个文件夹中。"共享文件夹"中的项目是可以与其他用户分享协作的项目。"我的文件夹"中的项目，则是自己可以操作查看的项目，也就是用户的私人项目。项目清单页面如图6-6所示。

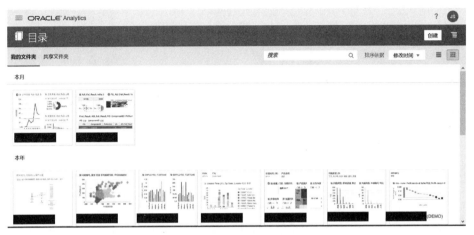

图6-6　项目清单页面

在数据页面下，可以处理与数据相关的多项操作。例如，加载电子表格，或者进行配置，从而将不同的数据源中的数据抽取过来以便建立数据集；通过数据流对数据进行整理、清洗；将多个数据流组合在一起，从而创建序列。当然，还可以进行不同数据源之间的数据复制等。数据页面如图6-7所示。

图6-7　数据页面

在机器学习页面下，OAC 将会列出所有通过数据流创建的机器学习模型，如图 6-8 所示。

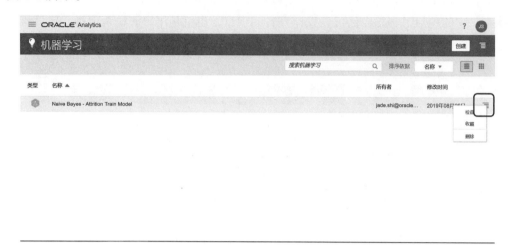

图 6-8　机器学习页面

可以单击已有的机器学习模型右侧的操作菜单按钮，以便对模型进行检查，收藏，或者删除操作。需要注意的是，机器学习模型的创建，其实是在数据→数据流中完成的。

在作业页面下，可以查看历史作业的执行情况。这里的作业，包含数据流、数据复制及序列，如图 6-9 所示。

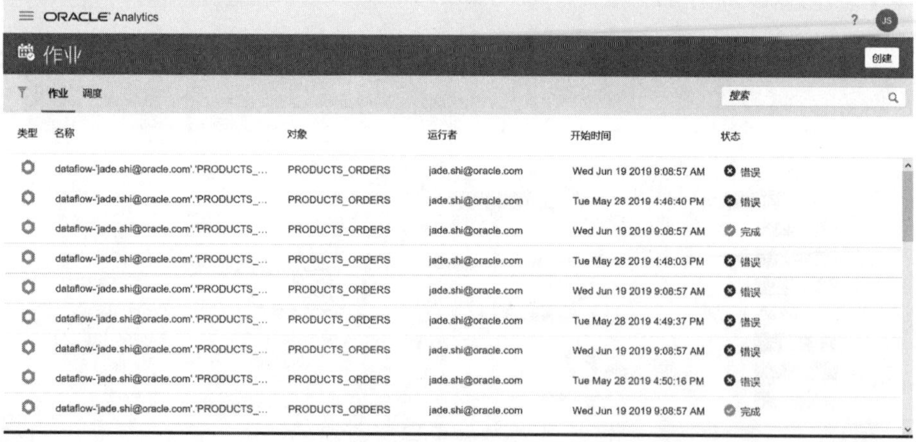

图 6-9　作业页面

也可以单击该页面中的筛选器按钮，来设置我们要查看的作业历史记录，如图6-10所示。

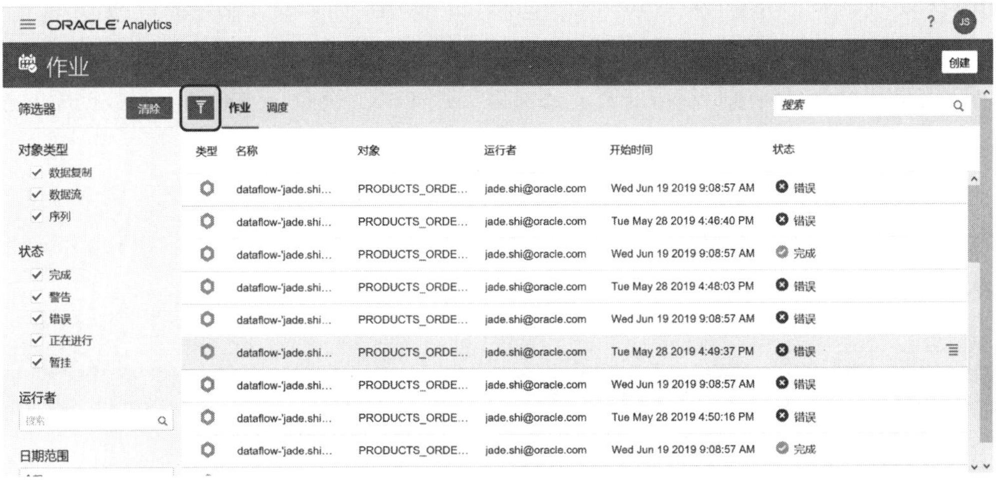

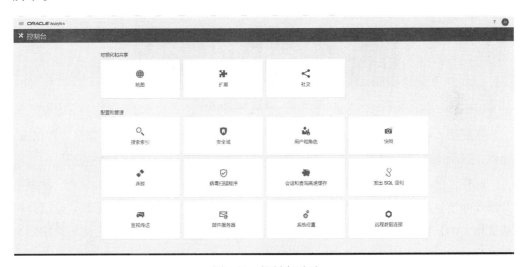

图 6-10　作业筛选器

在控制台页面下，可以对 OAC 进行全局级别的一些设置和管理，如图 6-11 所示。

图 6-11　控制台页面

在该页面的"可视化和共享"选项中，可以配置不同的地图信息，例如，使用百度地图或谷歌地图，以便处理与地理信息相关的分析。还可以通过社交功能，将分析结果分享到领英、Slack 或 Twitter 上（当然，如果用户可以登录这些软件的话）。

在"配置和管理"选项中，可以进行数据模型和目录（即项目）的搜索，也可以创建用户和角色以便进行权限管理，还可以创建 OAC 快照、建立到不同数据库的连接等多项管理操作。

在快速入门页面下，OAC 列出了大量的相关文档和样例视频，读者可以学习这些内容，以便能够更快速地上手 OAC。需要注意的是，这里的视频都是在 YouTube 上发布的，如图 6-12 所示。

图 6-12　快速入门页面

回到图 6-4 中，单击"创建"按钮，我们可以在这里创建项目、数据集、数据流、序列，以及连接等。当然还可以处理与数据复制相关的内容，如图 6-13 所示。

同样，单击图 6-4 右上角的页菜单按钮，就可以进行项目/数据流的导入、数据集管理等操作。这里的"打开数据建模器"和"打开经典主页"等选项是与企业级分析功能相关的，我们在本章稍后的内容中介绍。"定制主页"选项，则允许用户控制当前 OAC 主页中可以显示的内容。页菜单选项如图 6-14 所示。

图 6-13　创建内容

图 6-14　页菜单选项

6.5　连接到数据源

无论是电子表格，还是用户本地的数据库，以及 Oracle 公有云上的数据源，或者是位于其他云上的数据源，Oracle 对市面上比较流行的一些数据库相关产品都提供了良好的支持。例如，Oracle 支持如下数据源：Oracle Applications、ADW、ATP、Oracle Big Data Cloud、Oracle Database、Oracle Content and Experience Cloud（OCE）、Oracle Essbase、Oracle Service Cloud、Oracle Talent Acquisition Cloud、Amazon EMR、Amazon

Redshift、Apache Hive、DB2、Dropbox、Google Analytics、Google Drive、Greenplum、Hortonworks Hive、IBM BigInsights Hive、Impala、Informix、MapR Hive、MongoDB、MySQL、Pivotal HD Hive、PostgreSQL、Salesforce、Snowflake Data Warehouse、Spark、SQL Server、Sybase ASE、Sybase IQ、OData。

如果是电子表格，或者是 CSV 格式的文件，加载到 OAC 中创建数据集就很简单，如图 6-15 所示。

图 6-15　创建数据集

然后将电子表格拖曳进来即可，如图 6-16 所示。

图 6-16　使用电子表格创建数据集

添加电子表格如图 6-17 所示。

图 6-17　添加电子表格

在这里设置好数据集的名称并进行部分处理之后，就可以添加该电子表格作为数据集了。当然这里只是创建了数据集，通过图 6-17 可以看到该数据集中的数据并不是很规范（如还包括一个名称为 No data 的列），还需要进一步处理，我们将在后面的内容中予以介绍。

如果是其他 OAC 支持的数据源，如 ADW，则需要先创建连接，如图 6-18 所示。

图 6-18　创建连接

然后选择ADW，如图6-19所示。

图6-19 创建到ADW的连接

配置到ADW实例的连接信息，如图6-20所示。

图6-20 配置连接信息

注意，这里的客户端身份证明文件，就是我们此前在2.2.2节中下载的zip格式的Wallet，这里OAC自动识别zip中的cwallet.sso文件。然后我们就可以通过该连接来将数据从ADW加载到OAC了。在图6-16中，我们选择新创建的连接，如

图 6-21 所示。

图 6-21　基于新创建的连接建立数据集

进入添加数据集页面，如图 6-22 所示。

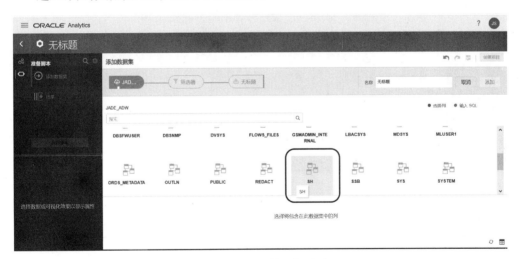

图 6-22　添加数据集页面

由于这里我们使用的是 ADMIN 用户创建的到 ADW 的连接，因此当前页面中就列出了 ADW 实例中的所有方案。我们选择 SH 方案，其页面如图 6-23 所示。

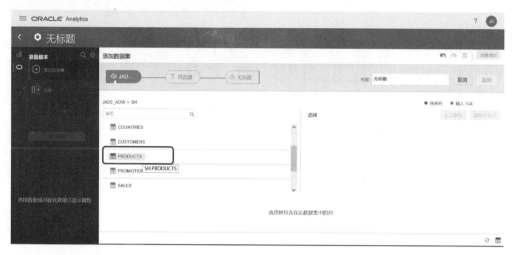

图 6-23　SH 方案页面

这里会列出 SH 方案下所有的表，选择 PRODUCTS，并单击"全部添加"按钮，即可将 PRODUCTS 中所有的列都选定，再单击"添加"按钮，即可创建新的数据集，如图 6-24 所示。

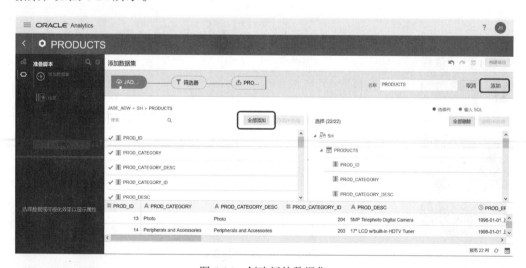

图 6-24　创建新的数据集

OAC 支持目前市面上大部分流行的数据源格式，因此读者可以基于自己现有的数据源情况，选择合适的连接方式。

6.6 数据准备与处理

无论是从电子表格创建的数据集，还是通过连接加载过来的数据集，一旦创建完毕，就可以在数据页面中显示出来了，如图 6-25 所示。

图 6-25 已创建的数据集列表

我们单击刚刚添加的数据集，即可进入数据准备页面，如图 6-26 所示。

这里是创建数据分析之前进行数据准备的场所，OAC 在这里已经提供了部分 AI 的处理能力，可以参考图 6-26 中的建议部分。OAC 会基于数据原有的格式，尝试进行部分列中数据的拆分或其他建议。例如，对于符合日期格式的数据列，OAC 可以建议用户提取对应的年、月、日、季度、星期，以及第几月第几季度等信息。而对于如包含 123-4567-8900 这种格式的数据，OAC 则会建议用户根据"-"从中提取出不同的部分。例如，我们选择销售日期列，如图 6-27 所示。

图 6-26 数据准备页面

图 6-27　选择销售日期列

　　然后单击建议中的"从销售日期提取第几季度"选项，即可生成新的列，如图 6-28 所示。

图 6-28　采纳建议

　　接下来单击"应用脚本"按钮，或者"编辑"按钮，即可对新生成的列进行应用，或者进行进一步的处理。

　　这样，OAC 就降低了对数据进行处理的工作量。

　　此外，还可以对现有的数据列进行其他处理，如图 6-29 所示。

图 6-29　列操作选项

选定列之后，在列选项菜单中，可以对该列进行重命名、复制、格式转换、拆分、连接及大小写转换等多种操作，并且，在图 6-29 中的左下角，还可以将该列处理为属性或度量，调整其数据类型，以及修改其数据聚合方式等。

不仅如此，我们可以在数据流中对数据进行更为复杂的准备和数据处理，如图 6-30 所示。

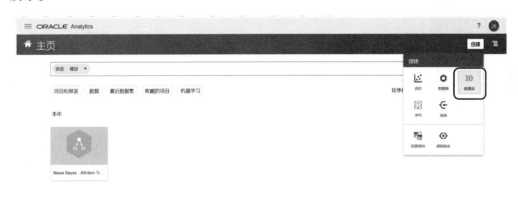

图 6-30　创建数据流

我们选择之前已经创建的数据集，如图 6-31 所示。

图 6-31　添加数据集到数据流

进入数据流处理页面，如图 6-32 所示。

图 6-32　数据流处理页面

OAC 的数据流（Data Flow）提供了强大而又便捷的数据处理能力。在这里，我们可以实现对来自多个数据源的数据进行连接、过滤数据、添加列、选择列、重命名列，以及将列进行各种转换操作。不仅如此，还可以进行机器学习模型的选择、训练，以及应用，如图 6-33 所示。

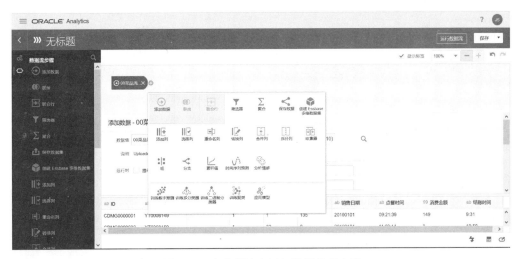

图 6-33　在数据流中添加数据处理步骤

我们在这里对之前创建的数据集进行简单的处理，如图 6-34 所示。

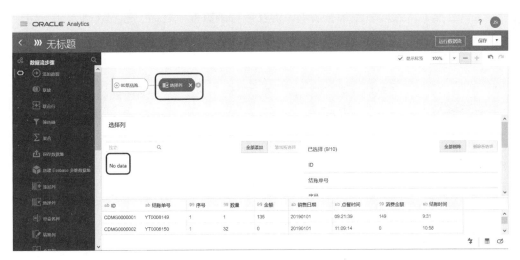

图 6-34　选择列

添加"选择列"组件，将除 No data 之外的其他列都选中，然后添加"保存数据"组件，如图 6-35 所示。

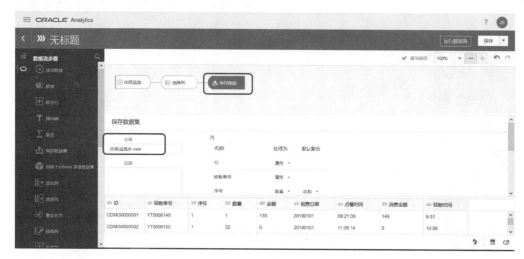

图 6-35　"保存数据"组件

在"将数据保存到"下拉菜单中，选择"数据集存储"选项，也就是存储在 OAC 中。如果选择了"数据库连接"选项，则在运行该数据流之后，数据将被写到指定连接所对应的数据库中，如图 6-36 所示。

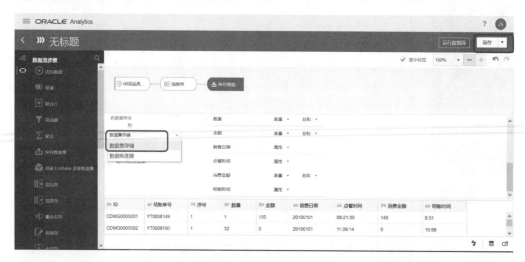

图 6-36　保存数据设置

保存该数据流并运行后，就可以在数据集中看到经过该数据流处理过的新的数据集了。

6.7 数据分析画布与叙述

在经过数据准备与数据流处理之后，我们就可以开始进行数据分析了。单击图 6-27 右上角的"可视化"选项，即可进入可视化编辑页面，如图 6-37 所示。

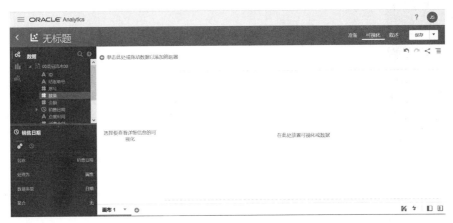

图 6-37 可视化编辑页面

这里是 OAC 中进行数据分析的主要场所。例如，我们想看随着时间的变化，产品销售额的走势，就可以这样做：在数据部分使用 Ctrl 键的同时选择金额和销售日期列，然后右击，在弹出的快捷菜单中选择"创建最佳可视化"选项，如图 6-38 所示。

图 6-38 可视化选取

OAC 即可自动生成推荐的可视化图形，如图 6-39 所示（图中 K 表示 ×10³，下同）。

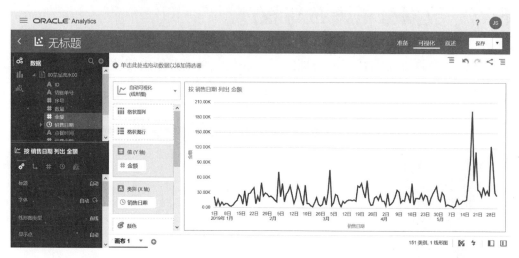

图 6-39　推荐的可视化图形

当然，我们也可以根据自己的需要，选择其他可视化方式，选择图 6-38 中的"选取可视化…"选项，就可以自行选择可视化图形了，如图 6-40 所示。

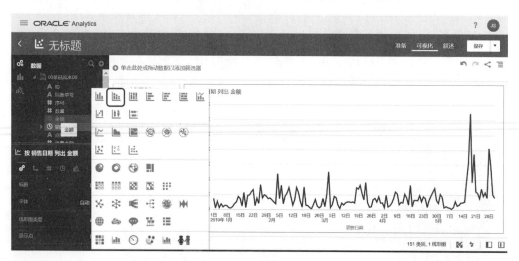

图 6-40　自行选择可视化图形

例如，这里选择堆叠条形图，则生成的可视化图形如图 6-41 所示。

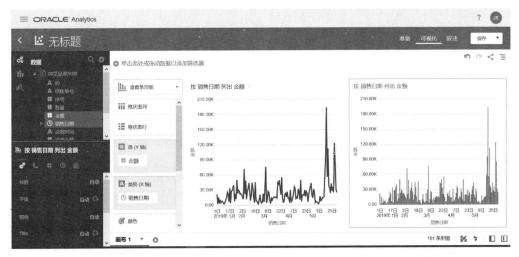

图 6-41　生成的可视化图形

OAC 将可用的可视化图形做了简单的分类，如条状图、线状图、散点图、饼图、表格类、网络，以及地图等。当然也可以自己安装一些插件，从而制作出更为丰富的可视化展现。

注：Oracle 也提供了一个称之为 Oracle Analytics Library 的网站，可以在该网站上下载一些插件，或者下载 Demo 等。链接为：https://www.oracle.com/emea/business-analytics/data-visualization/examples.html。我们将在本章后面的内容中介绍如何下载并使用插件。

对于图形的选择，按照我们一般的使用经验，大致可以归纳如下。

- 如果想展示的是数据之间的关系，则可以考虑使用散点图；如果变量较多，则可以考虑在散点图的基础上，分别用不同的变量来设置散点的大小，或者颜色等。
- 如果想做比较分析，则可以考虑使用条状图，通过高度或宽度的差异来展示其对比性。
- 如果与时间相关，则可以考虑线形图。时间跨度较大，使用线形图就比较合适了。
- 如果想做占比分析，则饼图就更为合适。

当然，需要说明的是，采用何种可视化图形来展现数据，本质上是一个非常个人化或个性化的事情，只要能够准确地展示分析结果和想要表达的内容，就是一个好的可视化展现。我们这里所列出的是基于一般的认知和使用经验总结出来的内容。

在创建完成一张画布后，我们可以对其进行重命名操作，如图6-42所示。

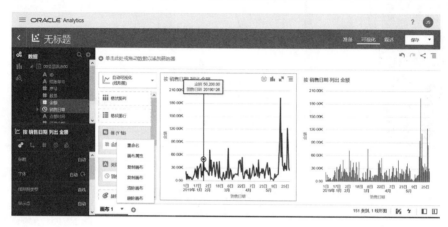

图6-42　重命名画布

按照同样的做法，我们再生成第二张画布，如图6-43所示。

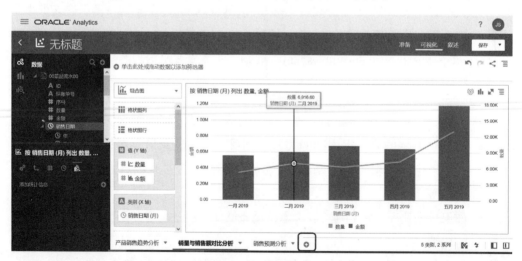

图6-43　第二张画布

单击OAC下方的加号，生成第二张画布。在第二张画布中，我们选择销售日期（月）、数量，以及金额三列，选择的图形为组合图。然后将销售日期（月）列放在类别（X轴）中，其他两列放在值（Y轴）部分（图中的 X、Y 未用斜体，以展现软件的原图，下同）。并且分别在这两列上右击，将数量设置为 Y_2 轴及线形图，将金额设置为条形图。这里需要注意的是，如果销售日期在创建数据集时为文本型，则需要在数据准备页面中，在该列的列选项菜单内，选择将其转换为日期。

至于第三张画布，我们则应用了 OAC 强大的一键预测功能。首先使用销售日期和金额两列，以线形图显示销售走势图，与图 6-40 一样，然后在该画布中右击，在弹出的快捷菜单中选择"添加统计信息"→"预测"选项，如图 6-44 所示。

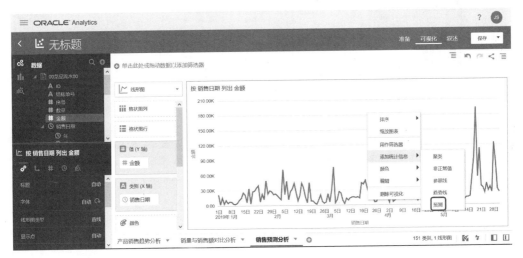

图 6-44　添加预测

Oracle 即会自动生成预测，如图 6-45 所示。

可见，OAC 会自动基于当前的数据走势，预测出下一段时间内的销售金额走势。具体关于预测信息的设置，可以关注图 6-45 中的左下角。在这里，可以设置要预测的长度、预测模型等信息。这里使用的是季节性 ARIMA 模型。

注：所谓的 ARIMA，指的是 Autoregressive Integrated Moving Average model，即差分整合移动平均自回归模型，又称为整合移动平均自回归模型，它是时间序列的预测分析方法之一。至于季节性，指的是包含周期性规律的 ARIMA。

在创建了几张画布之后，我们就可以创建叙述了，如图 6-46 所示。

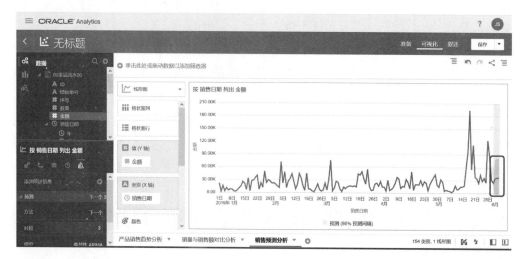

图 6-45　生成预测

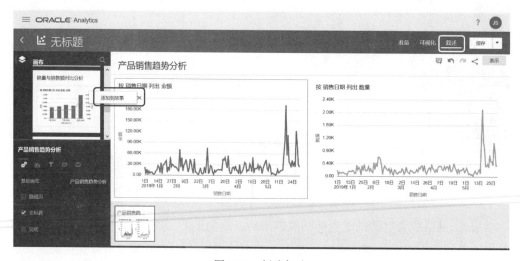

图 6-46　创建叙述

　　单击右上角的"叙述"选项，即可进入创建叙述页面。在这里，我们将创建的画布添加到故事，并且，在该页面的下部，可以通过拖曳来调整画布的显示顺序，然后单击右上角的"表示"按钮，就可以进行展示了，如图 6-47 所示。

　　制作分析画布的过程，其实就是我们进行数据分析与探索的过程，它可以基于我们对关键业务问题的理解，并利用现有的数据来完整地展现我们进行问题分析挖掘的整个思路。而通过叙述和表示，则是将这一思路以类似 PPT 的方式进行展示。从实际使用上来讲，表示这一功能，非常适合进行大屏展示。

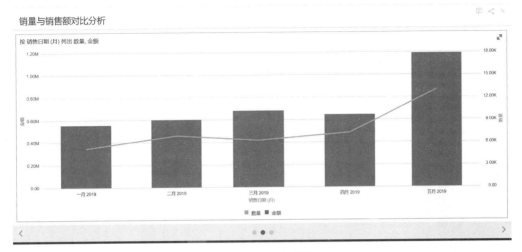

图 6-47　展示页面

6.8　共享与协作

在完成分析画布制作之后，我们就可以将当前所做的这些分析，包括所使用的数据，进行保存和分享了。我们回到可视化编辑页面，单击右上角"保存"下拉菜单中的"另存为"选项，弹出"保存项目"对话框，如图 6-48 所示。

图 6-48　"保存项目"对话框

在这里，我们可以将创建的项目放在本地文件夹或共享文件夹下。如果放在共享文件夹下，则可以和其他用户共享该项目（当然，如果有权限的话），如图 6-49 所示。不仅如此，我们还可以将该分析项目导出，OAC 在这里提供了多种导出的格式，如图 6-50 所示。

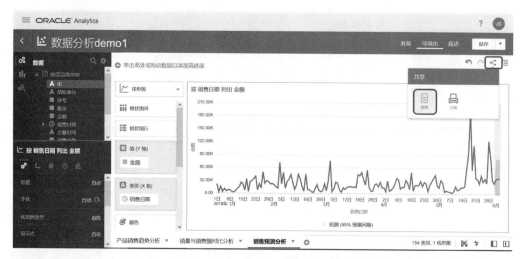

图 6-49　共享项目

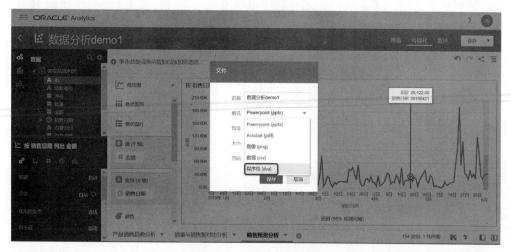

图 6-50　生成导出文件

可以选择导出 pptx 格式、pdf 格式，png 图像格式，或者只导出 csv 格式的数据。如果选择程序包（dva），则导出的内容既会包含本项目所使用的数据，也会包含制作的分析画布和叙述等内容。另外，还可以对导出的文件设置密码。但需要注意的是，用于处理原始数据的数据流则不包含在 dva 文件之内。我们需要将数据流的内容单独导出，如图 6-51 所示。

图 6-51　导出数据流

当然，也可以在目录页面导出项目，如图 6-52 所示。

图 6-52　在目录页面导出项目

6.9　地图与插件管理

默认情况下，OAC 提供了三种地图格式。

- Oracle BI：源自 Oracle 的主题世界地图（浅灰色）。
- Oracle 地图：源自 Oracle 的通用参考世界地图。
- OpenStreetMap：使用 OpenStreetMap 数据的通用背景地图。

注：OpenStreetMap 是一款由网民打造的免费开源可编辑的地图。其官网地址为：https://www.openstreetmap.org。

这样，如果要分析的数据中包含地理信息，就可以很简便地在地图背景上予以显示。不过，有时可能需要使用谷歌地图或百度地图，这就需要进行一些简单的设置了。我们这里以谷歌地图为例，来介绍如何在 OAC 中使用非默认的地图。

在"OAC 控制台"→"地图"中，可以添加地图，如图 6-53 所示。

图 6-53　添加地图

在添加谷歌地图时，需要先申请一个关键字（key），如图 6-54 所示。

图 6-54　谷歌地图设置

因此，我们需要先申请一个 key。关于申请谷歌地图 key 的方法，读者在网上搜索即可得到，这里不再赘述。然后，将获取的 key 值输入到图 6-54 所示的关键字中。

接下来，在"OAC 控制台"→"安全域"中，可以进行安全域设置，如图 6-55 所示。

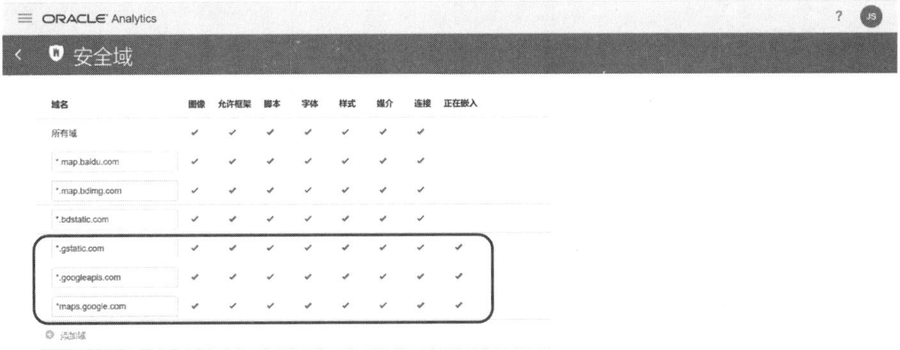

图 6-55　安全域设置

这样，就可以在进行数据分析时使用谷歌地图了。

此外，在"OAC 控制台"→"扩展"中，可以添加各种扩展组件。用户可以先去 Oracle Analytics Library 网站下载感兴趣的组件（https://www.oracle.com/solutions/business-analytics/data-visualization/extensions.html?category=.ext&textfield=direct&sortBy=date），如图 6-56 所示。

图 6-56　扩展组件下载

然后将下载的组件上传，刷新后即可在分析画布中使用了，如图 6-57 所示。

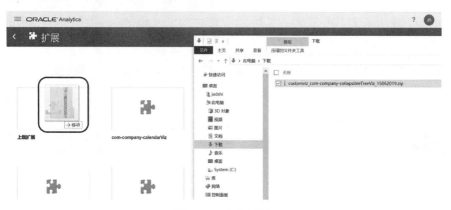

图 6-57　上传扩展

6.10　企业级分析功能概述

Oracle 在 OAC 中，同样也包含了企业级的商务智能分析平台，这是一个功能极其强大的工具，在国内诸多行业和客户中得到了广泛的应用。它基于物理层、逻辑层，以及展现层三层架构来构建数据模型。借助于该模型，可以连接并支持企业内外各种异构的数据源，从而真正实现组织全局级别的复杂报表展现和智能分析能力。

注：关于这部分的相关内容，各位读者可以参考官方文档
https://docs.oracle.com/middleware/bi12214/biee/index.html。

可以在 OAC 中通过"打开经典主页"选项来进入，如图 6-58 所示。

图 6-58　进入经典主页

经典主页如图 6-59 所示。

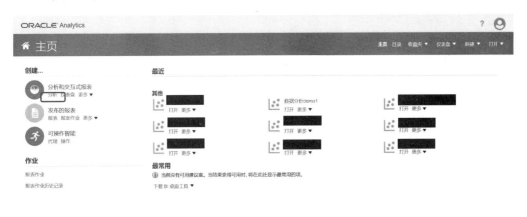

图 6-59　经典主页

当然，在此之前，我们需要先做一些准备工作——创建一个连接。在"OAC 控制台"→"连接"中，单击"创建"按钮，弹出"创建连接"对话框，如图 6-60 所示。

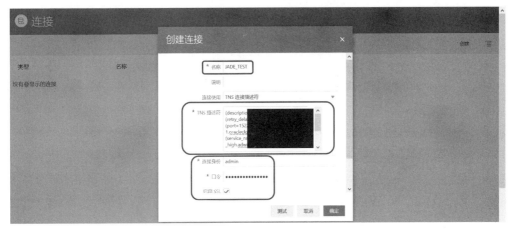

图 6-60　"创建连接"对话框

注意，这里的 TNS 描述符，可以在之前通过 ADW 下载的客户端身份证明（也就是我们下载的 Wallet）中的 tnsnames.ora 文件中找到，然后单击"测试"按钮。

接下来，利用这里创建的连接创建模型。在 OAC 主页中，选择"打开数据建模器"选项，如图 6-61 所示。

图 6-61　进入数据建模器

弹出"新建模型"对话框，如图 6-62 所示。

图 6-62　"新建模型"对话框

进入模型编辑页面，如图 6-63 所示。

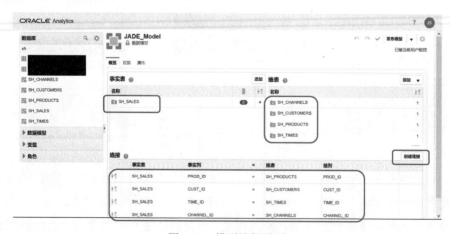

图 6-63　模型编辑页面

这里用到的几张表，是使用 CTAS 方式，通过 SH 方案下的 SALES、CHANNELS、CUSTOMERS、PRODUCTS 及 TIMES 五张表而创建的（当然，也可使用 SQL Developer 或 SQL Developer Web 创建这些表）。然后将 SH_SALES 放到事实表之下，其他四张表放到维表之下。单击"创建连接"按钮，将这几张表关联起来。

对于事实表，我们需要设置一些度量，单击图 6-63 中的 SH_SALES，可以设置事实表的度量，如图 6-64 所示。

图 6-64　设置事实表的度量

单击"已完成"按钮，回到模型编辑页面，单击"发布模型"按钮，如图 6-65 所示。

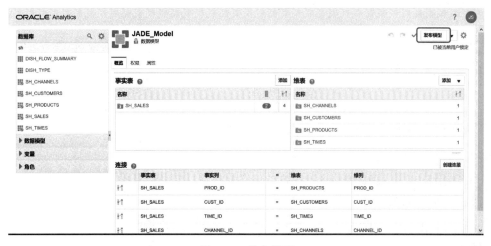

图 6-65　发布模型

完成上述准备之后，就可以进行分析了。在图 6-59 中选择"分析"选项，选择我们刚刚创建的模型，如图 6-66 所示。

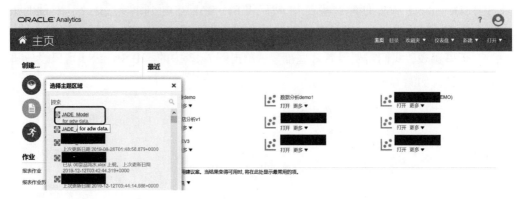

图 6-66　创建分析

进入分析页面，如图 6-67 所示。

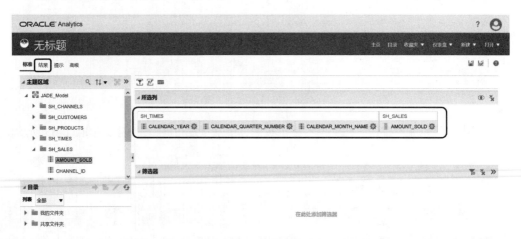

图 6-67　分析页面

在这里，我们需要指定要分析的列。然后单击"结果"选项卡，在该页面中创建图形，如图 6-68 所示。

我们选择"新建视图"→"图形"→"饼图"，如图 6-69 所示。

显示结果如图 6-70 所示。

单击右上角的保存按钮，在弹出的对话框中指定本分析的名称并保存分析结果，如图 6-71 所示。

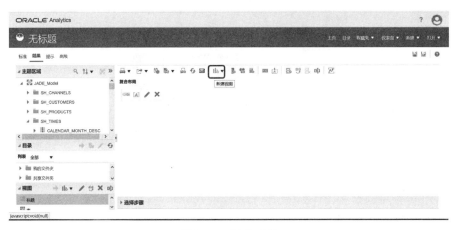

图 6-68　创建图形

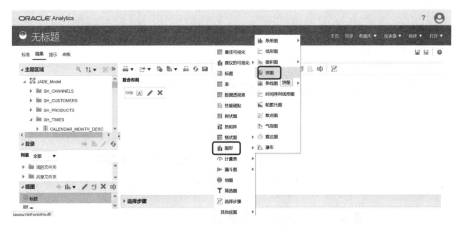

图 6-69　选择图形

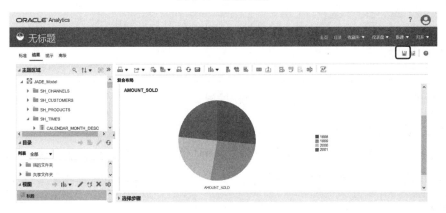

图 6-70　显示结果

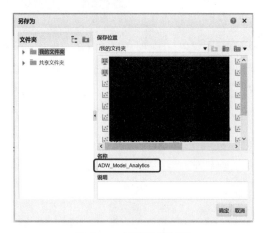

图 6-71 保存分析结果

不仅如此，我们在这里创建的模型，在创建数据集时也是可以使用的，如图 6-72 所示。

图 6-72 使用之前创建的模型

在这里，选择"Local Subject Area"选项即可使用我们创建的模型。

由于本文的重点是 OAC 的敏捷数据分析，因此企业级分析功能在这里只进行了简单的介绍，对这部分内容感兴趣的读者，可以继续查阅 Oracle 的官方文档来获取更多的信息。

6.11　快照与迁移

在 OAC 中，Oracle 是以快照（Snapshot）的方式来对数据进行备份和恢复的。在"OAC 控制台"→"快照"中，单击"创建快照"按钮，弹出"创建快照"对话框，如图 6-73 所示。

图 6-73　"创建快照"对话框

可以选择生成包含所有信息的快照，也可以自定义，选择生成包含数据集、数据复制、插件等信息的快照。待快照创建完毕，我们就可以进行快照的下载、还原，以及删除等操作了，如图 6-74 所示。

在快照页面，还可以进行上载快照、显示还原历史记录、检查快照限额，以及替换数据模型等操作。当然，我们也可以进行迁移操作，如图 6-75 所示。

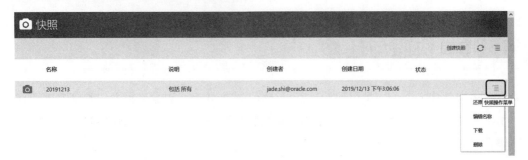

图 6-74 快照操作

图 6-75 OAC 迁移

注：关于迁移的更多内容，可以参考 https://docs.oracle.com/en/cloud/paas/analytics-cloud/bimgp/migrate-your-oracle-bi-cloud-instances-oracle-cloud-infrastructure.html#GUID-19031008-96B7-4711-8AF1-DB6185F47FF2。

6.12 移动端工具

OAC 对移动设备，如手机、平板电脑等，也提供了极好的适配工具。OAC 提供了两款面向移动设备的 App：Oracle Analytics Day by Day 和 Oracle Analytics Synopsis。这两个 App 在 Google Play 商店或苹果的 AppStore 中均可下载。

Oracle Analytics Day by Day 可以让我们在移动设备上快速查看数据分析结果。通过该 App，可以在 OAC 中搜索业务数据、执行语音查询、与其他用户共享，或者添加注释等。其操作界面如图 6-76 所示。

Oracle Analytics Synopsis 能够在移动设备上提供即时分析，通过该 App，用户可以快速轻松地将数据转换为有意义的可视化，并且无须客户具备任何有关数据探索或数据科学的详细知识。借助于该 App，可以导入电子表格并接收即时的数据可视化效果、更改可视化效果，如从饼图调整为条形图、从电子表格中选择特定数据进行分析、更改数据格式、与他人共享分析结果、将分析项目导出、使用移动设备摄像头扫描打印的表格并创建分析项目，以及进行预测处理等多种任务。Oracle Analytics Synopsis 的操作界面如图 6-77 所示。

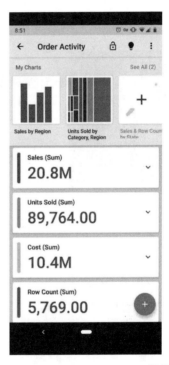

图 6-76　Oracle Analytics Day by Day 操作界面　　图 6-77　Oracle Analytics Synopsis 操作界面

注：关于 Oracle Analytics Day by Day，各位读者可以参考
https://docs.oracle.com/en/cloud/paas/analytics-cloud/biday/index.html。
Oracle Analytics Synopsis 可以参考
https://docs.oracle.com/en/cloud/paas/analytics-cloud/biemy/index.html。

6.13　OAD

除 OAC 这个基于 Oracle 公有云的分析利器外，Oracle 也提供了一个桌面版的分析工具——OAD（ Oracle Analytics for Desktop，之前称为 Oracle Data Visualization Desktop，简称 DVD ）。OAD 是 OAC 的简化版，在权限管理上也比较简单。但对于初学者而言，它则是一个可以很容易上手的工具，其操作界面与 OAC 保持一致，如图 6-78 所示。

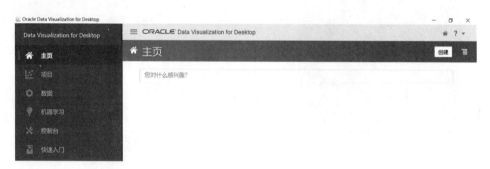

图 6-78　OAD 操作界面

（注：我们这里的版本为 12.2.5.3.0。本书中用的 OAD/DVD 均是此版本。）

OAD 下载链接为：

https://www.oracle.com/middleware/technologies/oracle-data-visualization-desktop.html。当前最新版本为 5.5.0。

6.14　本章小结

本章首先介绍了增强分析的概念，然后对 Oracle 的增强分析利器 OAC 进行了详细的介绍，包括其实例创建、功能、如何连接数据源、创建数据集、进行分析等内容，还包括共享、地图与插件管理、快照与迁移等。同时还对企业级分析功能及移动端、桌面端工具进行了简要说明。其目的在于能够让读者对 OAC 有一个全面的了解。在后面的内容中，我们将介绍如何使用 OAC 进行数据分析。在第 7 章中，读者会看到一些很有趣的内容。

第 7 章

使用 OAC 进行数据分析

在熟悉了 OAC 的强大功能后，我们就可以利用 OAC 来做一些有意义的数据分析了。

7.1 一键解释

一键解释功能应该是 OAC 强大功能最为直接的展示。在分析页面中，只要随便选择一列并右击，在弹出的快捷菜单中选择"解释"选项，即可生成关于该列的相关分析内容（图中的 K 表示 $\times 10^3$，下同），如图 7-1 所示。

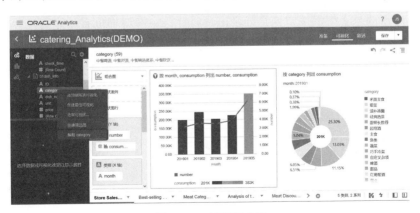

图 7-1 一键解释功能

可以令 OAC 对该列进行一键解释，如图 7-2 所示。

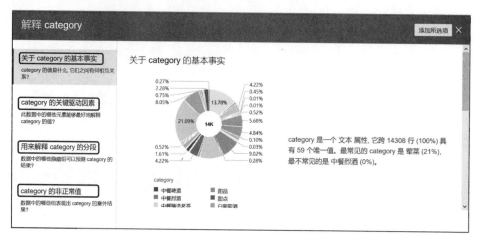

图 7-2　一键解释页面

从图 7-2 中可以看出，对所选列的一键解释，包含四项内容。

（1）关于该列的基本事实。用于显示该列中的数据分布情况（如该列中有多少个不同值，每个不同值的比重和统计信息等）。其中不同值的个数不得超过 100 个。

（2）该列的关键驱动因素。显示与该列存在密切关系的有哪些列。

（3）用来解释该列的分段。显示数据集中可以预测选定数据元素值的分段或组。这里实际上使用了决策树算法，对所选列中的不同值进行预测。

（4）该列的非正常值。显示数据集中可以与选定数据元素（属性或度量）关联的非正常值或异常值的组。

需要注意的是，根据选定列是度量还是属性，一键解释也有可能只包含基本事实和非正常值信息。

对于一些关键性的分析指标，如销售额，或者打算进行预测和机器学习分析的列，我们建议先对该列进行一键解释，以便从总体上对该列进行把握。

7.2　英文、中文分词处理

在进行数据分析时，我们经常会遇到分词。例如，我们拿到了客户某一款产品的客户评价信息，其中有一列专门以文本的形式记录了客户在网上购物之后进行的评价，那么，如果对这些评价数据进行分词处理，就可以了解客户具体关注产品的哪些方面，以及该产品在客户中的评价如何了。我们这里分别以英文、中文为例，介绍如何在 Oracle 中进行各自的分词处理。

7.2.1 英文分词处理

我们以莎士比亚的名言为例，介绍在 Oracle 中如何进行英文分词处理。其大致思路是：首先创建一张存储莎士比亚名言的表，然后在该表上创建全文索引。之后将创建的全文索引的内容加载到 OAC 中进行分析展示。

首先在 SQL Developer Web 中创建表并插入数据，如下：

```
create table Shakespeares(id number,context_desc varchar2(4000));
insert into Shakespeares values (1,'Better a witty fool than a foolish wit');
--此处省略20行insert语句
commit;
```

然后创建全文索引并检查其数据，如下：

```
CREATE INDEX Shakespeares_index ON Shakespeares(context_desc)
    INDEXTYPE IS ctxsys.CONTEXT;
select * from dr$Shakespeares_index$i order by 5 desc;
```

创建英文全文索引页面如图 7-3 所示。

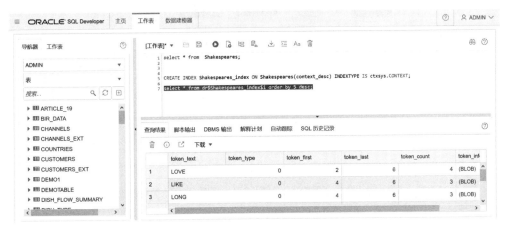

图 7-3　创建英文全文索引页面

注意这里的全文索引的名称，其格式是 DR$INDEX_NAME$I。之后基于该全文索引，我们就可以进行分析了。先将其加载到 OAC 中，如图 7-4 所示。

图 7-4　创建数据集

接下来，选择我们创建的 JADE_ADW 连接，如图 7-5 所示。

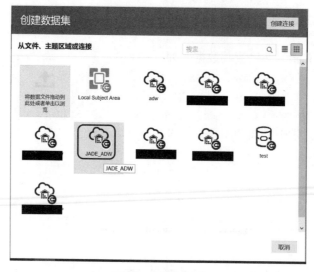

图 7-5　选择连接

选择方案为 ADMIN，如图 7-6 所示。

在 ADMIN 方案下，选择 DR$SHAKESPEARES_INDEX$I，如图 7-7 所示。

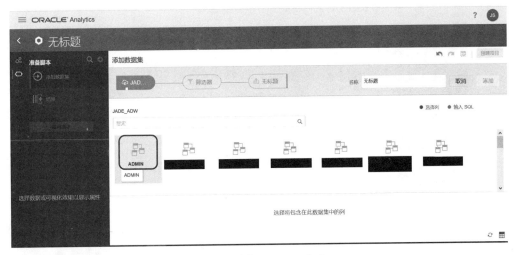

图 7-6　选择 ADMIN 方案

图 7-7　选择全文索引

　　单击"全部添加"按钮，将所有的数据列都加载到 OAC 中，再单击"添加"按钮，如图 7-8 所示。

　　下面就可以使用这些数据来创建分析项目了，单击"创建项目"按钮，如图 7-9 所示。

　　按照设置，即可分析出莎士比亚名言中最经常出现的一些词语了，如图 7-10 所示。

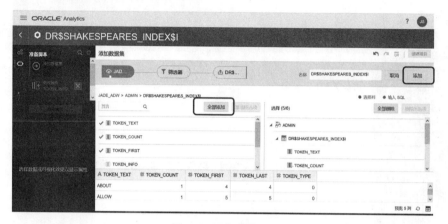

图 7-8 添加数据列

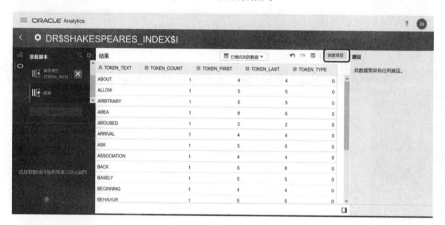

图 7-9 数据预览页面

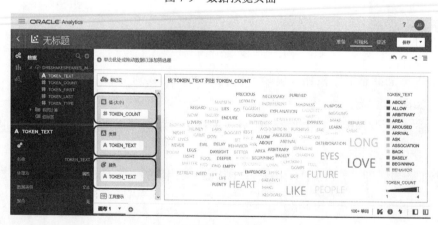

图 7-10 分词分析

7.2.2　中文分词处理

为了展示如何处理中文分词，这里以十九大报告作为基本数据来进行处理。

首先，我们在 SQL Developer Web 中，创建存储中文数据的表格并插入数据：

```
create table article_19(id number,context_desc varchar2(4000));
insert into article_19 values (1,'中国共产党第十九次全国代表大会，是在全
面建成小康社会决胜阶段……');
--此处省略数据插入insert语句61条
commit;
```

处理中文分词与英文分词类似，都是以创建全文索引来实现的。但对于中文而言，我们还需要预先设置分词器（lexer），之后才能创建索引。

```
BEGIN
 --ctx_ddl.drop_preference('article_lexer');
 ctx_ddl.create_preference ('article_lexer', 'CHINESE_LEXER');
END;
/
```

然后使用指定的分词器来创建全文索引，如下：

```
CREATE INDEX article_index ON article_19(context_desc)
    INDEXTYPE IS ctxsys.CONTEXT
    PARAMETERS ('lexer article_lexer');
```

索引创建完成后，我们来看一下数据：

```
select * from dr$article_index$i order by 5 desc;
```

中文分词索引结果如图 7-11 所示。

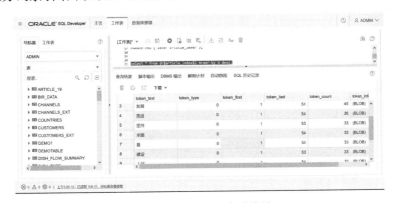

图 7-11　中文分词索引结果

接下来，按照与英文处理相同的方式，我们将全文索引后的数据加载到 OAC 中，如图 7-12 所示。

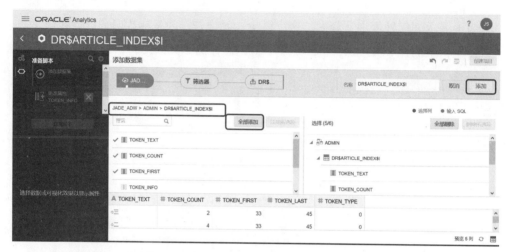

图 7-12　将全文索引后的数据加载到 OAC 中

创建分析，如图 7-13 所示。

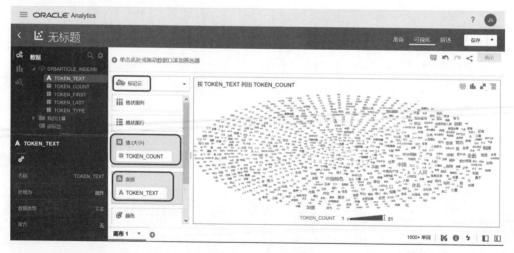

图 7-13　创建分析

当然这里分词有点多，并且显示的颜色也都一样，因此我们稍加调整。将 TOKEN_COUNT 列拖曳到分析画布上方，并将开始最小值设置为 10，如图 7-14 所示。

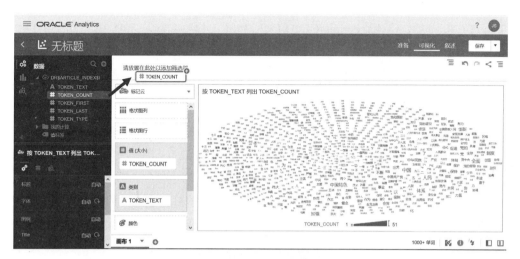

图 7-14　添加过滤器

　　将 TOKEN_TEXT 拖曳到颜色一栏中，并删除一些停用词（如的、和、在、了等），中文分词结果如图 7-15 所示。

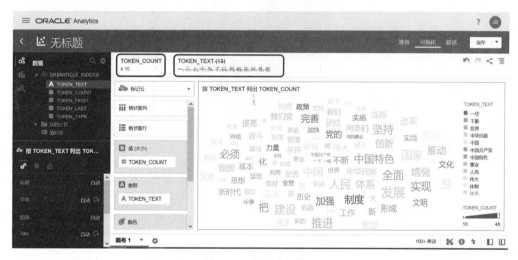

图 7-15　中文分词结果

　　注：对于中文分词，Oracle 提供了 CHINESE_LEXER 以及 CHINESE_VGRAM_LEXER 两个分词器，读者可以自行选择。关于 CTX_DDL 包，可参考官方文档 *Reference* 中的第 8 章，链接为 https://docs.oracle.com/en/database/oracle/oracle-database/

19/ccref/CTX_DDL-package.html#GUID-0F7C39E8-E44A-421C-B40D-3B3578B507E9。

7.3　在 OAD 中使用 jieba 包进行中文分词

　　除 OAC 之外，也可以在 OAD 中进行分词处理。我们这里将介绍如何使用 jieba 包来进行中文分词处理。我们在 6.13 节中已经简要介绍了 OAD，并提供了其下载链接，读者可以按照该链接下载 OAD 并安装。

　　当然，默认的 OAD 安装之后，是无法使用机器学习功能的。因此，需要继续进行配置。在 Windows 的开始菜单中，单击"Install DVML"选项，如图 7-16 所示。

图 7-16　安装 DVML

　　启动安装程序，其安装界面如图 7-17 所示。

　　待 DVML 安装完毕之后，我们还需要安装 jieba 包，这样 OAD 才能进行中文分词。安装 jieba 包的命令如下：

```
    C:\Program Files\DVMLRuntime\PCbuild\amd64>python.exe -m pip
install jieba
```

图 7-17　DVML 安装界面

当然，如果报权限问题的错误，则需要以管理员的身份进入 cmd 命令行工具，再执行上述命令即可。python.exe 可执行文件具体在什么目录下，取决于读者自己安装 OAD 时的设置。安装成功后，就可以在 OAD 的 lib 目录下看到 jieba 包的内容了，如图 7-18 所示。

图 7-18　安装后的 jieba 包的内容

为了能够在 OAD 中调用安装的 jieba 包，我们需要先创建一个脚本，然后在 OAD 中使用它，该脚本的内容如下（名称为 py.chnTermFrequency.xml）：

```xml
<?xml version="1.0" encoding="UTF-8"?>
<script>
    <scriptname>py.chn</scriptname>
    <scriptlabel>chnTermFrequency(py)</scriptlabel>
    <target>python</target>
    <type>execute_script</type>
    <scriptdescription>
    <![CDATA[
        This is a python script which takes Chinese text
values(simplified Chinese & traditional Chinese) of a column as input and
gives out the term frequency of top 'n' words in descending order (top 30
by default).
```

```
        ]]>
        </scriptdescription>
        <version>v1</version>
        <inputs>
            <column>
                <name>text</name>
                <nillable>NO</nillable>
            </column>
        </inputs>
        <outputs>
            <column>
                <name>term</name>
                <displayName>term</displayName>
                <datatype>string</datatype>
            </column>
            <column>
            <name>frequency</name>
                <displayName>frequency</displayName>
                <datatype>integer</datatype>
            </column>
        </outputs>
        <options>
            <option>
                <name>topn</name>
                <displayName>topn</displayName>
                <value>30</value>
                <required>false</required>
                <ui-config />
            </option>
            <option>
                <name>includeInputColumns</name>
                <displayName>Include Input Columns In Scored
Dataset</displayName>
                <value>false</value>
                <required>false</required>
                <type>boolean</type>
                <hidden>true</hidden>
                <ui-config></ui-config>
            </option>
        </options>
```

```
    <scriptcontent><![CDATA[
import pandas as pd
import numpy as np
from sklearn.feature_extraction.text import CountVectorizer
import jieba

def obi_execute_script(dat, columnMetadata, args):
    corpus = dat['text'].tolist()
    tokenized_corpus = []
    for text in corpus:
        tokenized_corpus.append(" ".join(jieba.cut(text)))
    vectorizer = CountVectorizer(encoding='utf-8',min_df=1)
    vectors = vectorizer.fit_transform(tokenized_corpus).toarray()
    vocab = vectorizer.get_feature_names()
    freq = np.sum(vectors, axis=0)
    topn = int(args['topn'])
    df = pd.DataFrame({'term': vocab, 'frequency': freq})
    df = df.sort_values('frequency', ascending=False)
    return df.head(topn)
]]></scriptcontent>
</script>
```

然后，在 OAD 中创建该脚本，如图 7-19 所示。

图 7-19　创建脚本

我们将刚刚创建的脚本拖曳过来，如图 7-20 所示。

图 7-20　添加脚本

这样，就可以在后面的分词处理中使用该脚本了。

这里依然使用十九大报告数据，我们将其存在一个 Excel 中，样例数据如图 7-21 所示（这里只使用部分数据）。

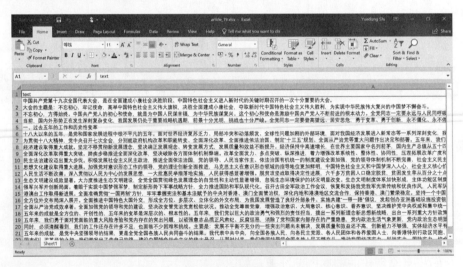

图 7-21　样例数据

接下来，我们创建数据流，如图 7-22 所示。

图 7-22　创建数据流

单击"创建数据集"按钮，将图 7-21 所示数据拖曳进来，如图 7-23 所示。

图 7-23　加载数据

单击"添加"按钮，即可进入数据流编辑页面，这里我们选择应用定制脚本，如图 7-24 所示。

选择我们已创建的定制脚本，如图 7-25 所示。

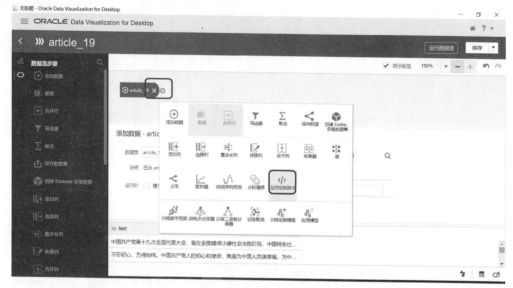

图 7-24　应用定制脚本

图 7-25　选择已创建的定制脚本

　　需要注意这里的设置，该脚本只能输出两个列（term、frequency，也就是分词及其出现频率），并且只输出出现频率较高的前 30 个分词，如图 7-26 所示。

图 7-26　应用定制脚本设置

另外，该脚本只接收一个文本格式的输入列，如图 7-27 所示。

图 7-27　定制脚本参数设置

下面将分词之后的数据进行存储设置，如图 7-28 所示。

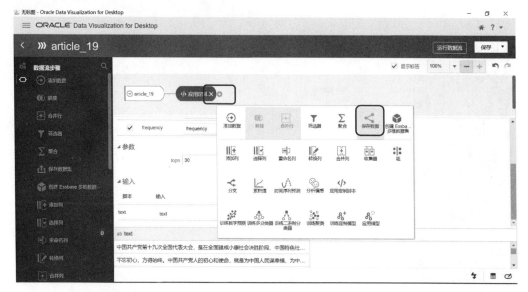

图 7-28　保存数据

将数据保存为数据集存储，如图 7-29 所示。

图 7-29　保存数据设置

单击右上角的"运行数据流"按钮，弹出"运行数据流"对话框，如图 7-30 所示。

图 7-30 "运行数据流"对话框

这样，经过分词处理后的数据，就存储在 article_19_demo 中了，然后我们可以在 OAD 中进行分析展现，如图 7-31 所示。

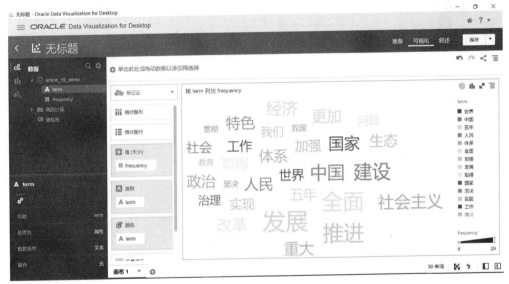

图 7-31 在 OAD 中进行分析展现

注：所谓的 jieba 包，其实是用 Python 编写的一个用于处理中文分词的包，读者也可以参考 https://github.com/fxsjy/jieba。

7.4 数据流的机器学习

我们之前就提到过，在 OAC 的数据流中，也可以进行机器学习模型的训练和应用（见6.6节）。在数据流中，与 ML 相关的组件如图 7-32 所示。

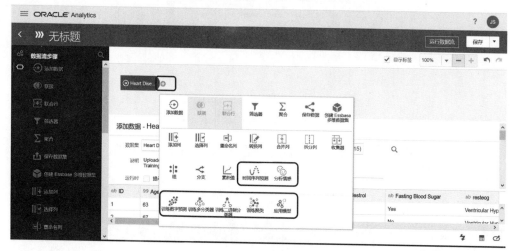

图 7-32　与 ML 相关的组件

OAC 中提供了大量已经封装好的机器学习算法，用户可以通过直接拖曳相关的图标即可使用这些算法。OAC 中数据流可以直接调用的算法如下。

- 时间序列预测
- 分析情感
- 训练数字预测
  - Random Forest：随机森林算法，面向数值类预测。
  - Elastic Net Linear Regression：弹性网络线性回归算法，为岭回归（Ridge Regression）和 Lasso 技术的混合。
  - Linear Regression：线性回归算法。
  - CART：即 Classification and regression tree，分类与回归树算法，面向数值类预测模型训练。
- 训练多分类器
  - Neural Network：神经网络算法。
  - Random Forest：随机森林算法。
  - Naive Bayesian：朴素贝叶斯算法。
  - CART：分类与回归树算法。

- SVM：支持向量机算法。
- 训练二进制分类器
  - Logistic Regression：逻辑回归算法。
  - Neural Network：神经网络算法。
  - Random Forest：随机森林算法。
  - Naive Bayesian：朴素贝叶斯算法。
  - CART：分类与回归树算法。
  - SVM：支持向量机算法。
- 训练聚类
  - K-Means Clustering：K 均值聚类算法，一种迭代求解的聚类分析算法。
  - Hierarchical Clustering：层次聚类算法，通过计算不同类别数据点之间的相似度来创建有层次结构的嵌套聚类树的算法。

注：

时间序列，英文为 Times Series，是指一组按照时间发生的先后顺序进行排列的数据点序列。通常这样的一组时间序列的时间间隔为恒定值（如 1s、5min、12h 等），因此时间序列可以作为离散时间数据进行分析处理。它广泛应用于数理统计、信号处理、模拟识别、计量经济学、金融，以及绝大多数涉及时间数据测量的应用科学与工程学等。

分析情感又称情感分析、意见挖掘，或者倾向性分析，英文为 Emotion Analysis，是指对带有情感色彩的主观性文本进行分析、处理、归纳，以及推理的过程。其典型的应用场景如互联网上的用户评论信息分析等。

其他算法的相关信息，可以参考维基百科中文版中的相关知识。

我们这里使用的案例是 Oracle Analytics Library 上的 Heart Disease Prediction（心脏病预测），下载页面如图 7-33 所示。

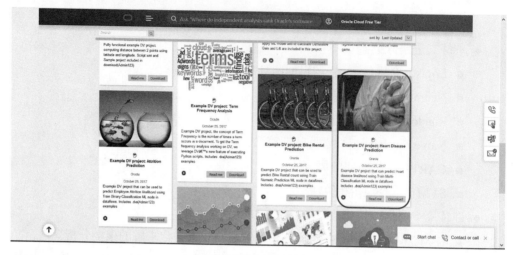

图 7-33 下载页面

链接为：

https://www.oracle.com/solutions/business-analytics/data-visualization/examples.html。

下载的 HeartDiseaseLikelyhoodPrediction.zip 文件中包含两个文件。

- CART Training-Heart Disease Likelyhood.dva：训练 CART 模型数据流。
- CART Apply-Heart Disease Likelyhood.dva：应用 CART 模型数据流。

我们需要将这两个文件导入到 OAC 中，如图 7-34 所示。

图 7-34 进入项目导入页面

然后选择文件，即可导入，如图 7-35 所示。

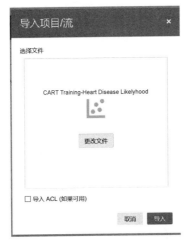

图 7-35　导入文件

这里需要输入项目文件的密码，在下载页面的 Read me 中可以找到。按照同样的
方式，导入另一个文件。导入的内容包括 3 个数据集，如图 7-36 所示。

图 7-36　导入的数据集

其中，Heart Disease Likelyhood Training 数据集为模型的训练数据集，包含的指标
如下。

- ID：候选人标识。
- Age：候选人年龄。
- Sex：候选人性别。
- Chest Pain Type：胸痛型，如 Typical Angina（典型性心绞痛）、Asymptomatic
  （无症状型），以及 Non-Anginal（非典型性心绞痛）等。
- Resting BP：静息血压。

- Cholestrol：心脏部分胆固醇含量，单位为毫克。
- Fasting Blood Sugar：禁食血糖测定。
- restecg：静态心电图。
- Maximum HeartRate：最大心率。
- Exercise Induced Angina：运动是否引发心绞痛。
- oldpeak：运动相对休息诱发 ST 段压低。
- Slope：运动锋 ST 段坡度。
- NumOf_Vessels_colored_by_flourosopy：彩色照影下的主动脉数量。
- Thal：地中海贫血。
- Likelyhood：病发的可能性。

注：笔者在查阅这个数据集的资料时，发现该样例使用的这一数据集，可能来自美国加州大学的心脏疾病资料库。

Heart Disease likelyhood Predict 为模型应用数据集，Heart Disease likelyhood Prediction 为模型应用后的预测结果数据集。

导入的两个数据流如图 7-37 所示。

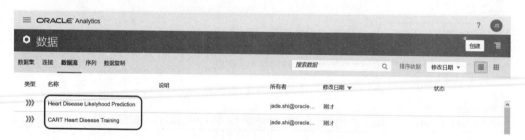

图 7-37　导入的两个数据流

其中，CART Heart Disease Training 数据流使用 Heart Disease Likelyhood Training 数据集作为训练数据集选择 CART 算法进行模型创建和训练。Heart Disease Likelyhood Prediction 数据流，使用 Heart Disease likelyhood Predict 作为模型应用数据集，然后应用创建的预测模型，并将预测结果存储在 Heart Disease likelyhood Prediction 中。

导入的两个分析项目如图 7-38 所示。

图 7-38　导入的两个分析项目

这两个分析项目中，CART Training - Heart Disease Likelyhood 用于展示模型训练之后得到的混淆矩阵，以及精确度和召回率等模型评估指标。Heart Disease Likelyhood Prediction 则展示了模型应用之后的预测结果情况。

在 CART Heart Disease Training 数据流中，训练多分类器组件的参数设置如图 7-39 所示。

图 7-39　训练多分类器组件的参数设置

- 模型训练脚本：用于设置使用的模型算法，这里选择的是 CART for model training。需要注意的是，对于多分类问题，除 CART 算法外，也可以选择 Neural Network、Random Forest、Naive Bayesian 和 SVM。当然，具体哪种模型更合适，需要结合数据的维度数量、数据量，以及模型的评估结果（如精确度、准确度、召回率，以及 F1 值）等综合考量。

- Target：设置预测的目标列，这里是 Likelyhood。
- Positive Class in Target：目标列中包含多个值，哪个值为正向类（即期望的预测目标类）。这里为 Present。该列的取值还有 Absent、Highly Likely、Likely，以及 Less Likely 等。
- Minimum Node Size：最小节点数，CART 算法为树状结构（既可以是回归树，也可以是分类树），因此需要设置树中的节点个数，取值范围为[10,100]。
- Maximum Depth：最大深度，即算法树最大允许有多少层，取值范围为[1,10]。
- Maximum Confidence：最大置信度，取值范围为[10,100]。
- Train Partition Percent：用于训练模型的数据比例，默认为输入数据集的 80%。取值范围为[10,100]。
- Balancing Method：处理类别不平衡时的采样方法。所谓类别不平衡，指的就是训练数据集中不同类别对应的样例数据量差别过大。可以选择 Under Sample（欠采样）、Over Sample（过采样），或者 None。

注：精确度、准确度、召回率、F1 值，以及后面提到的混淆矩阵，都是用于评估模型质量的一些指标。

所谓欠采样，即在训练模型时，去除一些反例，使得正反样例的数据量趋于均衡。欠采样的问题在于，随机丢弃反样例数据，可能会丢失一些重要信息。过采样是指对部分正样例数据进行重复，从而增加正样例数据的比重。但这样做可能会放大正向噪声对模型的影响。

训练多分类器详细参数设置如图 7-40 所示。

创建训练模型并运行后，我们就可以查看该模型的相关评估参数了，以便来评估该模型，如图 7-41 所示。

在该训练模型上右击，选择"检查"选项，其评估参数如图 7-42 所示。

这里列出了精确率、召回率，F1 三个模型评估指标。结合这几个指标来看，该模型的预测结果比较一般。读者也可以选择其他算法模型进行训练。应该注意的是，选择不同的算法时，需要设置的算法相关参数也各不相同。

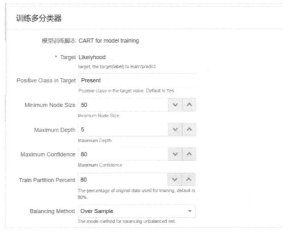

图 7-40　训练多分类器详细参数设置

图 7-41　查看训练模型评估参数

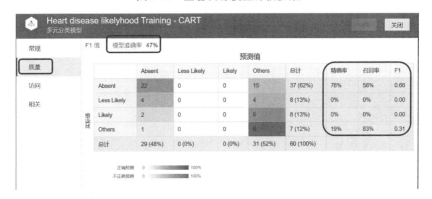

图 7-42　训练模型评估参数

应用模型应用参数设置如图 7-43 所示。

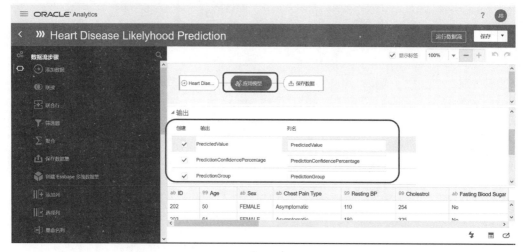

图 7-43　应用模型参数设置

注意这里的输出部分，默认与应用模型相关的输出列如下。

- PredictedValue：预测结果。
- PredictionConfidencePercentage：预测结果置信度百分比。百分比越高，意味着预测结果的准确率越高。
- PredictionGroup：预测结果分组。

7.5　面向餐饮行业的数据分析样例

在本节中，我们将以餐饮行业的数据为例，向读者介绍如何从头开始进行一个业务场景的数据分析。OAC 的关键特性之一，就是其具备强大的交互式数据探索能力，这就使得我们在进行实际的数据分析过程中，可以按照我们的思路，逐步深入，不断探索或试错，从而得到答案。我们这里以某连锁餐饮企业的某一家门店的部分销售数据为例。

第一步，数据准备。

我们这里用到的 4 张数据表如图 7-44 所示（简便起见，这些数据都以电子表格的方式提供）。

图 7-44　样例使用的 4 张数据表

如何加载 Excel，请参考 6.5 节的内容。

其中，00 菜品流水中，包含 ID、结账单号、序号、数量、金额、销售日期、点餐时间、消费金额、结账时间等。01 菜品信息中包含类别名称、菜品名称、单位，以及单价等。02 账单信息中包含餐厅、点餐人员、状态、收款员，以及销售类型等。03 折扣信息中包含服务费和折扣费等。

第二步，创建项目并建立关联，如图 7-45 所示。

图 7-45　创建项目

选中这 4 个数据表，单击"添加到项目"按钮，如图 7-46 所示。

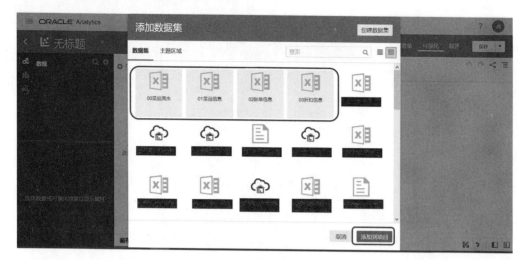

图 7-46　添加数据表

这样，依次单击"项目"→"准备"→"数据图表"，我们就可以看到添加进来的 4 张表，如图 7-47 所示。

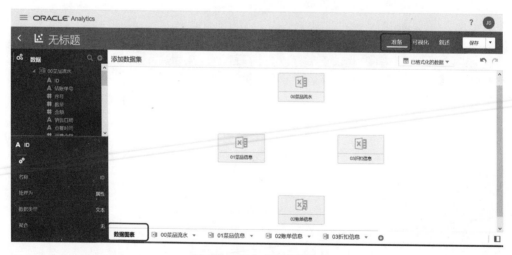

图 7-47　添加的数据图表

在这里，我们需要将这 4 张表关联起来，这样就能够将其作为一张大表来进行数据分析。需要注意的是，如果是按照先后顺序依次添加数据表到项目（而非我们这里的一次性添加所有的数据表），则 OAC 会进行自动关联，也就是选择不同表的相同名称和数据类型的列自动建立关联。

建立关联的操作如图 7-48 所示。

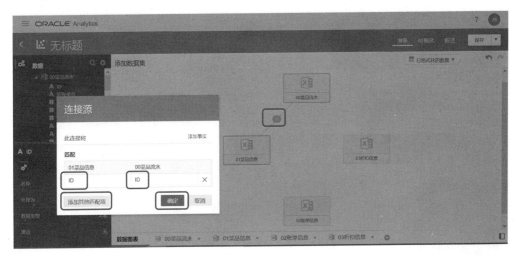

图 7-48　建立关联的操作

以同样的方式，在各个表之间，以 ID 列建立关联关系，完整的关联关系图如图 7-49 所示。

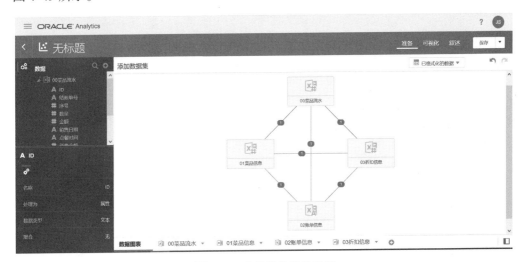

图 7-49　完整的关联关系图

注：并非只能在同名的列之间建立关联关系。

第三步，创建第一张画布。

浏览 00 菜品流水，可以看到数据主要是集中在 2019 年 1—5 月。我们可以先来看一下这 5 个月的销售走势情况。而其中的销售日期，显然应该是 date 类型的列。但在可视化页面中，我们却看到，其数据类型显示为文本，如图 7-50 所示。

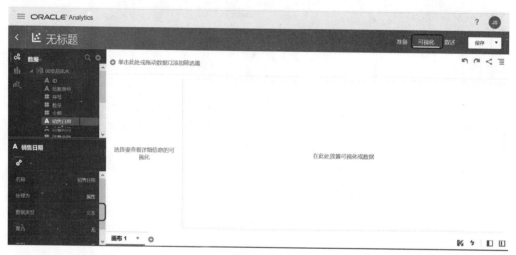

图 7-50　查看数据类型

因此，我们需要将其调整为日期类型。回到准备页面，在 00 菜品流水中，单击销售日期列右侧的选项，选择"转换为日期"选项，如图 7-51 所示。

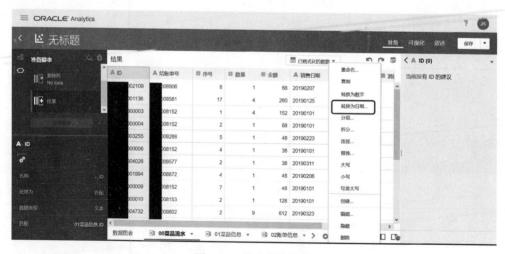

图 7-51　修改数据类型

这样，就可以将销售日期列转换为日期类型，如图7-52所示。

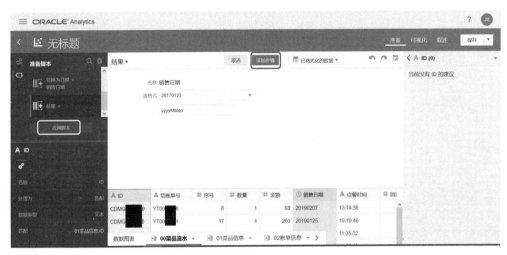

图7-52 应用修改

上述操作完成后，切换到可视化页面，我们就可以创建第一张画布了。将销售日期下的月和消费金额两列选中，然后拖曳到画布上，如图7-53所示。

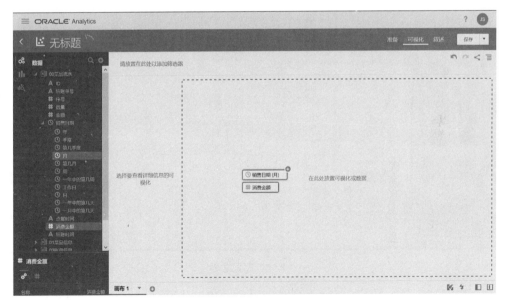

图7-53 创建画布

OAC 会自动生成线形图，如图 7-54 所示。

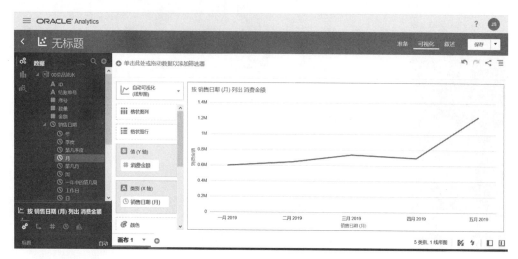

图 7-54　生成线形图

这里，OAC 会自动基于消费金额来汇总生成每个月的销售额，我们可以将销售的数量也添加进来，进行对比，如图 7-55 所示。

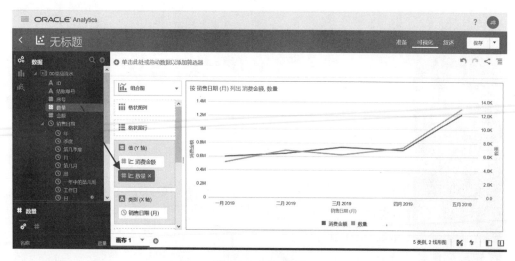

图 7-55　添加数量

将数量拖曳到"值(Y 轴)"选项中，然后在其上右击，选择"条形图"和"Y2 轴"选项，如图 7-56 所示。

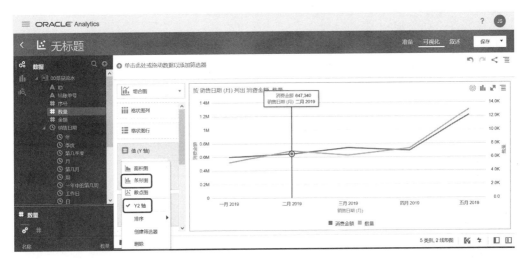

图 7-56　修改设置

因为这里消费金额和数量从数值上来讲并非一个数据级，因此将数量调整为"Y2轴"显示，对比效果会更好。然后将消费金额拖曳到"颜色"选项中，并设置其显示颜色，调整可视效果，如图 7-57 所示。

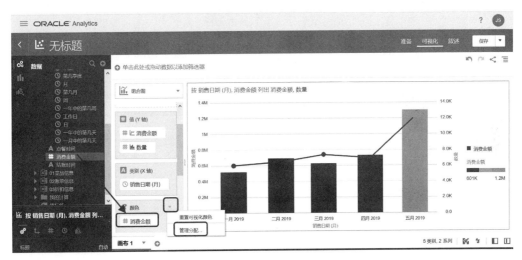

图 7-57　可视化显示颜色效果设置

这样，我们就可以清晰地看出，对于该门店而言，其 2019 年 1—5 月的销售额和销售数量，自 3 月份开始，都是一路走高的，5 月份尤其明显。但这里显然只显示了一个大致的趋势，具体情况又是如何的呢？比如说，每个月中，不同的菜品大类，其销售情况又是如何呢?

第四步,创建饼图。

选中 00 菜品流水中的消费金额,以及 01 菜品信息中的类别名称,将这两列拖曳到当前画布最右侧,即可生成新的分析图形,如图 7-58 所示。

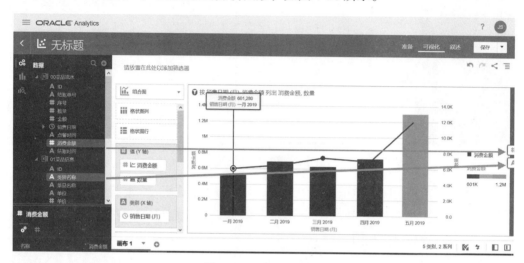

图 7-58　添加分析图形

此时默认生成的图形为条状图,我们将其修改为饼图,如图 7-59 所示。

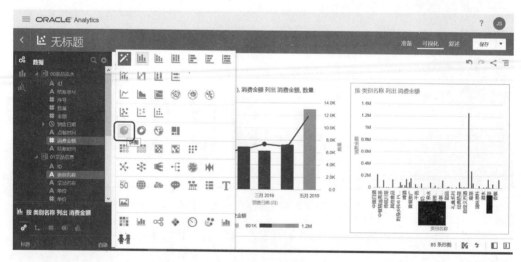

图 7-59　创建饼图

此时由于菜品类别较多，因此我们需要进行处理。将消费金额列拖曳到"筛选器类型"选项，并单击消费金额列，选择筛选器类型为"前/后 N 个"，如图 7-60 所示。

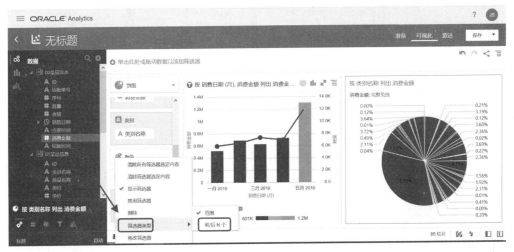

图 7-60　创建筛选器

这里默认 $N=10$，因此我们可以显示出排名前 10 的菜品类别。然后将类别名称拖曳到"颜色"选项，如图 7-61 所示。

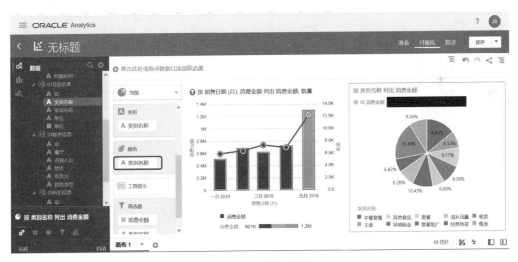

图 7-61　颜色设置

接下来，我们在右侧图形上再添加一个排序操作。在右侧图形上右击，选择"排序"选项,如图7-62所示。

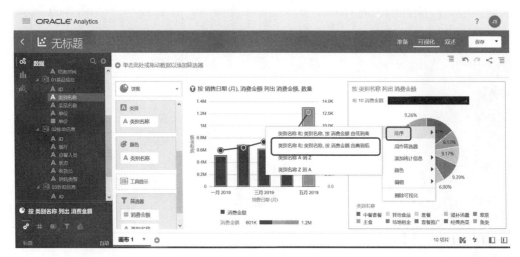

图 7-62　数据排序操作

这样,我们就在第一张画布中生成了两个分析图形。但这两个分析图形是互相独立的,若是有联动效果就更好了。因此,我们在左侧图形区域中右击,选择"用作筛选器"选项,如图7-63所示。

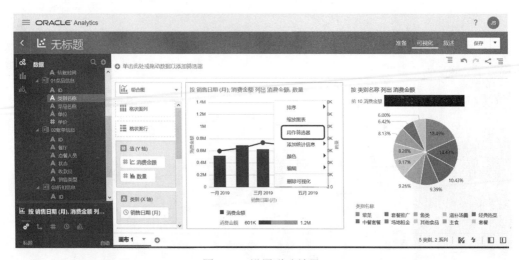

图 7-63　设置联动效果

这样,当我们在左侧图形中选择不同的月份时,右侧图形就会自动刷新,生成该月份对应的销售金额排名前 10 的菜品类别，如图 7-64 所示。

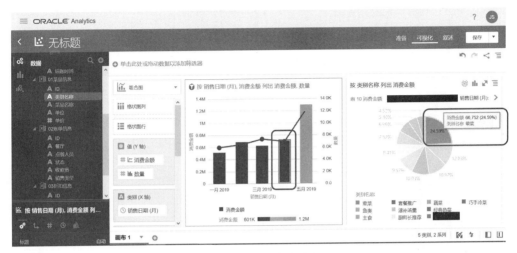

图 7-64　联动效果展示

此时就可以发现，在 2019 年前 5 个月的各个菜品销售额排行中，荤菜类是排名第一的。于是，我们针对荤菜类进行进一步分析。

第五步，生成第二张画布。

我们对当前画布进行重命名，然后生成第二张画布，如图 7-65 所示。

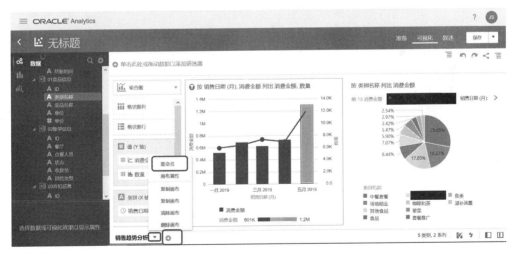

图 7-65　生成第二张画布

在第二张画布中，选择 01 菜品信息中的类别名称列，将其拖曳到"筛选器类型"选项，如图 7-66 所示。

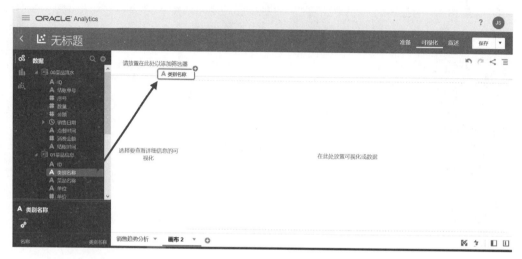

图 7-66　添加全局筛选器

然后选择荤菜类，这样，在本张画布中，我们就只对荤菜类进行分析了。下面将 00 菜品流水中的消费金额和 01 菜品信息中的菜品名称两列拖曳到画布上，如图 7-67 所示。

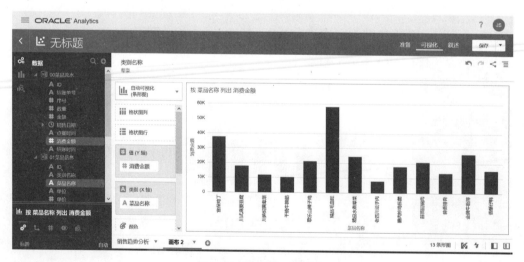

图 7-67　生成第二张画布

将菜品名称列拖曳到"颜色"选项进行颜色显示设置,然后在画布内右击,选择按照消费金额由高到低进行排序,并将显示图形改为堆叠条形图,如图 7-68 所示。

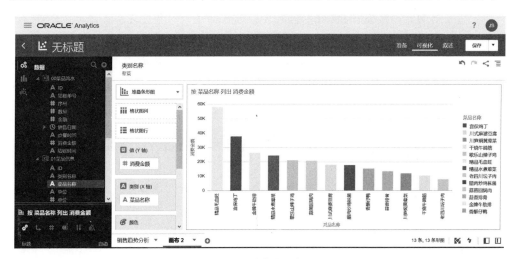

图 7-68　荤菜类分析图

通过上述画布,我们对荤菜类各菜品的销售情况有了一定的了解。并且,销售额最高的菜品和最低菜品之间差距很大。而对于餐饮企业来说,精确了解菜品现状,确定哪些是优质菜品,哪些是需要调整的菜品,则是非常重要的事情。而这些显然是上述画布解释不了的,因此我们继续分析。

第六步,创建第三张画布。

我们重命名第二张画布,并生成第三张画布。首先将 01 菜品信息中的类别名称拖曳到全局筛选器处,选择荤菜创建筛选器。然后将 00 菜品流水中的数量和消费金额,以及 01 菜品信息中的菜品名称拖曳到画布中,并且将菜品名称拖曳到"颜色"选项,如图 7-69 所示。

这里以散点图的形式显示了所有的荤菜类菜品。当然,我们还需要在该画布上添加参照线,这样能够更好地分析。在画布上右击,选择"添加统计信息"→"参照线"选项,并将函数设置为百分比段,值为 80,如图 7-70 所示。

以同样的方式再添加一条参照线,设置均相同,最终结果如图 7-71 所示。

这样,我们就按照 80∶20 的原则,将整个画布分为 4 个象限。其中:

● 右上角为高销量高销售额的菜品;

- 右下角为高销量低销售额的菜品；
- 左上角为低销量高销售额的菜品；
- 左下角为低销量低销售额的菜品。

这样处理后，哪些菜品为优质菜品，哪些则需要调整就一目了然了。不仅如此，如果我们将各个菜品的销售情况与折扣关联起来，那么又会得到什么样的分析结果呢？

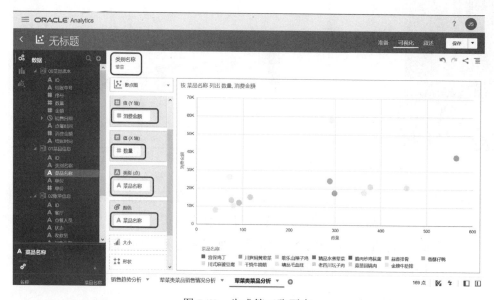

图 7-69　生成第三张画布

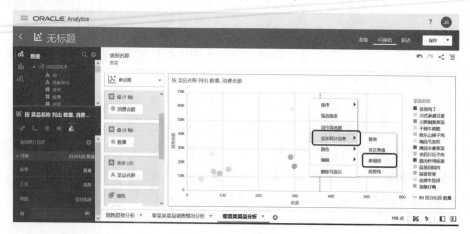

图 7-70　添加参照线

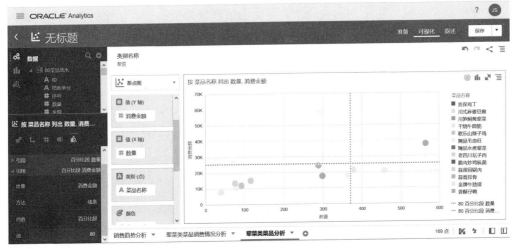

图 7-71　添加两条参照线

第七步，创建销售额与折扣关系画布。

重命名上一张画布，然后创建新的画布。同样是先使用 01 菜品名称中的类别名称列创建全局筛选器，然后将 00 菜品流水中的消费金额列、01 菜品信息中的菜品名称列，以及 03 折扣信息中的折扣金额列选中，拖曳到画布中，图形选择组合图。接下来将折扣金额设置成"Y2 轴"和"线形图"，消费金额设置为"条形图"，并在画布内右击，选择"排序"选项，按照消费金额由高到低进行排序，最后将消费金额拖曳到"颜色"选项，结果如图 7-72 所示。

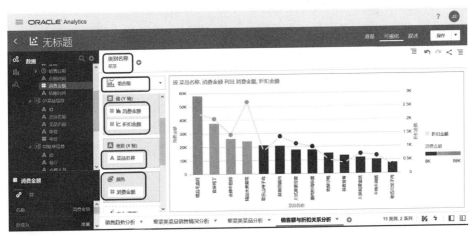

图 7-72　销售额与折扣关系分析结果

此时就会发现，除了个别菜品外，菜品的销售额与折扣是成正比的。也就是说，高销售额的菜品，往往也是打折幅度比较大的菜品，显然这就有问题了。再往前推，我们之前看到的2019年前5个月销售额和销量双双走高的趋势，这里与折扣一结合，就说明荤菜这个大类的整体情况其实是很糟糕的。

接下来，我们分析具体的折扣率及荤菜类菜品的利润率情况，从而确定究竟该如何调整这些菜品。

第八步，创建荤菜类各菜品折扣率画布。

重命名原有画布，并创建新的画布，然后在"数据"→"我的计算"处单右击，选择"添加计算"选项。这里需要我们创建计算折扣比的计算表达式，如图7-73所示。

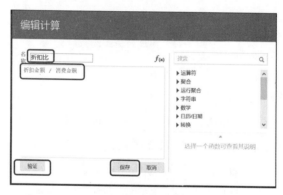

图7-73　添加计算

在左侧的数据部分，分别选择00菜品流水中的消费金额，以及03折扣信息中的折扣金额列，然后在右侧运算符中选择"／"，即可生成折扣比的运算表达式。最后验证并保存。

依然是先使用01菜品信息中的类别名称来创建全局筛选器，然后将01菜品信息中的菜品名称，以及我的计算中的折扣比拖曳到画布中。图形选择雷达条形图，并在画布内右击，选择"排序"选项，按折扣比由高到低进行排序。再将菜品名称拖曳到"颜色"选项进行显示设置。最后在画布内右击，选择"添加统计信息"→"参照线"选项。荤菜类各菜品折扣率画布如图7-74所示。

此时可以看到，荤菜类菜品的平均折扣率为6%（0.06）。当然这里单独考虑折扣比是远远不够的，还需要考虑利润率的情况。

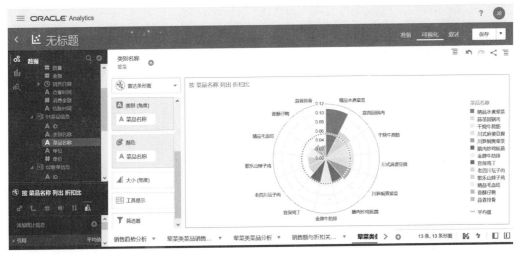

图 7-74　荤菜类各菜品折扣率画布

第九步，创建荤菜类菜品利润率画布。

需要注意的是，在实际情况中，菜品的利润率分析极为复杂，需要考虑物料成本、人力成本、店面成本，仓储及物料成本等。为简便起见，我们这里使用如下的计算公式：(消费金额-(ABS(单价-10)))/(ABS(单价-10))，并使用它来在我的计算中创建菜品利润率的计算表达式。

先使用 01 菜品信息中的类别名称来创建全局筛选器，然后将 01 菜品信息中的菜品名称和我的计算中的菜品利润率拖曳到右侧画布中，显示图形选择为瀑布图，将菜品利润率拖曳到"颜色"选项设置其显示情况。再在画布内右击，选择"排序"选项，按菜品利润率由高到低进行排序，最后右击添加统计信息，选择参照线。荤菜类菜品利润率画布如图 7-75 所示。

这样，我们就可以结合菜品的利润率、折扣情况，以及之前的 4 象限分析画布，还有平均利润率和平均折扣率数据，来确定具体对哪些菜品进行调整，并且如何进行调整。例如，调整某些菜品的折扣幅度，或者是将一些利润率低的菜品进行下架处理等。

上述就是一个相对完整的利用 OAC 进行数据分析的例子。在实际的工作中，不同的行业、不同的客户均有不同的分析需求，需要根据实际的数据和业务进行相应处理。

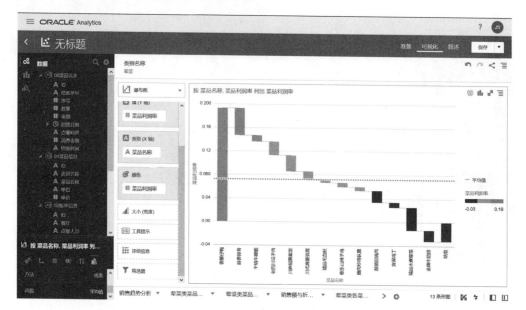

图 7-75　荤菜类菜品利润率画布

7.6　本章小结

在第 6 章介绍了 OAC 的功能与特性之后,本章侧重介绍了 OAC 的部分高级主题,包括一键解释、中英文分词,以及机器学习等,同时也介绍了一个真实的数据分析案例。希望通过这些内容,能够让读者更为得心应手地使用 OAC 进行数据分析。

第 4 部分　其他相关知识篇

数据仓库与增强分析所涉及的技术范围比较广泛，而 ADW 与 OAC 是构建敏捷数据集市的关键工具和技术，但是为了让它们能够更好地工作，我们需要对相关的知识也有所了解。在本部分中，我们将为读者全面介绍 OCI 的架构、Oracle 数据库最新版本的关键特性等相关的技术。

第 8 章

Oracle 公有云架构

与其他公有云服务提供商不同，Oracle 的公有云 OCI（Oracle Cloud Infrastructure），是业界唯一已经进化到了第二代的公有云平台。与第一代公有云平台相比，第二代公有云有着巨大的优势。尤其是将用户的业务数据和公有云管理代码进行了隔离，从而能够提供更高的安全性和更好的隔离性。

在这里，我们并不以 IaaS、PaaS，以及 SaaS 的架构来介绍 Oracle 的公有云服务。与之相反，我们从 Oracle 的公有云产品体系的角度出发，介绍 Oracle 现有的各种公有云服务。当然，由于公有云是一个正处于快速发展的领域，因此 Oracle 的公有云服务也处于快速发展和不断迭代之中，故各种新的服务不断涌现，现有的服务也在不断更新。若读者发现真实情况与本章或本书内容稍有出入，则也是正常现象。

8.1 Oracle 公有云服务分类

从产品角度来讲，Oracle 公有云服务体系主要分为两部分：

- 第二代云基础设施（Gen2 Cloud Infrastructure）
- 云应用（Cloud Applications）

其中，第二代云基础设施部分主要包含如下内容。

- 计算
- 存储
- 网络、连接和边缘服务
- 安全性、身份和合规性
- 数据库管理
- 分析和大数据
- 管理和治理
- 基础设施集成
- 应用开发
- 新兴技术

云应用部分主要包含如下内容。

- 企业资源计划
- 人力资本管理
- 供应链管理
- 营销
- 销售
- 服务
- NetSuite

除上面提到的内容外，Oracle 也提供了公有云的云市场（Cloud Marketplace）。读者可以在这里查找和使用各种应用及服务。这里有 Oracle 自己提供的一些服务，也有第三方厂商提供的一些应用。官方网址为：

https://cloudmarketplace.oracle.com/marketplace/zh_CN/homePage

Oracle 云基础设施产品提供了相当丰富的产品和服务，覆盖 IaaS 和 PaaS 的各个领域，能够帮助用户快速构建、迁移、运行和增强现有的应用和负载。用户可以灵活地选择核心计算、存储、数据库及网络服务，以及安全性、管理、集成、分析产品和开发人员服务，从而充分利用 Oracle 公有云卓越的性能和安全性来轻松支持现有及未来的业务负载。

在 Oracle 的第二代云基础设施中，计算（Compute）部分包含如下服务。

- 虚拟机（Virtual Machines）
- 裸金属计算（Bare Metal Compute）
- 适用于 K8s 的容器引擎（Container Engine for Kubernetes）
- 容器注册表（Container Registry）
- 虚拟机和裸金属（GPU）（Virtual Machines and Bare Metal）

存储（Storage）部分包含如下服务。

- 本地 NVMe SSD（Local NVMe SSD）
- 块存储卷（Block Volumes）
- 文件服务（File Storage）
- 对象存储（Object Storage）
- 归档存储（Archive Storage）
- 存储网关（Storage Gateway）
- 数据传输（Data Transfer）

网络、连接和边缘服务（Networking、Connectivity 和 Edge Services）部分包含如下服务。

- 虚拟云网络（Virtual Cloud Network）
- 服务网关（Service Gateway）
- 负载平衡（Load Balancing）
- 专线服务（FastConnect）
- 域名解析服务（DNS）
- 流量管理（Traffic Management）
- 健康检查（Health Checks）
- 电子邮件传送（Email Delivery）

安全性、身份和合规性（Security、Identitiy 和 Compliance）部分包含如下服务。

- 身份与访问管理（Identity and Access Management）
- 密钥管理（Key Management）
- Web 应用防火墙（Web Application FireWall，WAF）
- 身份云服务（Identity Cloud Service）
- 云访问安全代理（Cloud Access Security Broker，CASB）

- 数据库安全性（Database Security）

数据库管理（Database Management）部分包含如下服务。

- 自治数据库（Autonomous Data Warehouse，ADW）
- 自治事务处理数据库（Autonomous Transaction Processing，ATP）
- 数据库云服务：裸金属（Database Cloud Service：Bare Metal）
- 数据库云服务：虚拟机（Database Cloud Service：Virtual Machine）
- Oracle Exadata 数据库云服务（Exadata Cloud Service）
- Oracle 公有云数据库一体机（Exadata Cloud at Customer，ECC）
- NoSQL 数据库（NoSQL Database）

分析和大数据（Analytics and Big Data）部分包含如下服务。

- 智能分析解决方案（Analytics Cloud，即分析云）
- 数据科学（Data Science）
- Essbase
- 大数据云服务（Big Data Cloud Service）
- 大数据 SQL 云服务（Big Data SQL Cloud Service）
- 流处理（Streaming）

管理和治理（Management and Governance）部分包含如下服务。

- 监视（Monitoring）
- 通知（Notifications）
- 资源管理器（Resource Manager）
- 标记（Tagging）
- 成本管理（Cost Management）
- 审计（Audit）
- IT 基础设施监视（IT Infrastructure Monitoring）
- 应用性能监视（Application Performance Monitoring，APM）
- IT 分析（IT Analytics）
- 日志分析（Log Analytics）

基础设施集成（Infrastructure Integration）部分包含如下服务。

- API 平台（API Platform）

- 数据集成云服务（Oracle Data Integrator Marketplace）
- Oracle 数据集成平台（Data Integration Platform，DIP）
- GoldenGate 云服务（GoldenGate Marketplace）
- 应用集成（Application Integration）
- SOA 云服务（SOA Cloud Service）

应用开发（Application Development）部分包含如下服务。

- 适用于 K8s 的容器引擎（Container Engine for Kubernetes）
- 容器注册表（Container Registry）
- 容器管道（Container Pipelines）
- 函数服务（Functions）
- 事件服务（Events Service）
- Java
- 开发人员服务（Developer）
- API 平台（API Platform）
- 消息传递（Messaging）
- 移动平台（Mobile Hub）
- 可视化构建器（Visual Builder）
- 数字助手（Digital Assitant）
- 数据科学（Data Science）
- 区块链平台（Blockchain Platform）

新兴技术（Emerging Technologies）部分包含如下服务。

- 人工智能（Artificial Intelligence）
- 区块链（Blockchain）
- 数据科学（Data Science）
- 数字助手（Digital Assistant）
- 机器学习（Machine Learning）

需要注意，上面的这些分类中，包含有重复的产品。也就是说，有些产品被分到了不止一个类别中。

8.2　Oracle 公有云重点服务介绍

如 8.1 节所述，经过多年的发展和云基础架构升级进化，Oracle 公有云已经提供了从 IaaS 到 PaaS，再到 SaaS 的多种服务，从而成为全球少数几家全栈式公有云产品服务供应商。因为公有云服务众多，所以在这里我们并不打算对所有的产品均都进行详细的介绍，而只是选择部分 Oracle 重点技术产品进行说明，其他产品的功能、特性，读者可以参考 Oracle 公有云的相关文档，或者登录 Oracle 公有云官网：https://www.oracle.com/index.html。

8.2.1　Oracle 管理云服务

Oracle 管理云（Oracle Management Cloud，OMC）服务是一套完整的集成了监视、管理，以及分析的 Oracle 公有云产品。它是专门为现今复杂异构的环境而设计的，而不管用户的应用架构是部署在本地、Oracle 公有云或其他第三方的云平台上。

我们知道，在实际的企业 IT 架构中，各种业务系统的操作数据往往具有不同的类型和维度，并且通常存储在多个系统中。OMC 可以让我们将这些数据都上传到一个统一的平台中，并通过机器学习、主动监控、分析，以及跨产品的关联性自动分析等功能，对这些数据进行分析处理。无论是数据库生成的告警日志，还是应用系统日常运行时产生的日志，或者是网络、存储设备生成的日志，OMC 都可以进行分析。在系统出现故障时，OMC 也能够自动关联同一时段的网络、存储、数据库，以及应用等日志，从而对问题产生的根本原因进行分析。

通过 OMC，我们可以消除最终用户和 IT 基础架构数据之间的多个信息孤岛，进而更快地解决应用程序出现的问题。

使用 OMC 套件，可以实现对业务系统的实时监视、告警、快速诊断，以及业务分析等工作。OMC 产品套件分为如下三个版本。

- 标准版。OMC 标准版包含如下三个模块：Oracle 应用程序性能监控（Oracle Application Performance Monitoring，APM）服务、Oracle IT 基础设施监控（Oracle IT Infrastructure Monitoring）服务，以及 Oracle 数据库管理服务。

- 企业版。除包含标准版的三个模块外，还提供了 Oracle 编排服务，以及 Oracle IT 分析服务（Oracle IT Analytics）。

- 日志分析版。除包含标准版的服务外，还提供日志分析服务。

注：关于 OMC 的更多内容，可以参考 OMC 官方文档
https://docs.oracle.com/en/cloud/paas/management-cloud/index.html。

8.2.2　Oracle 区块链平台服务（OBP）

区块链技术是当前 IT 行业最受人关注的技术趋势之一。所谓的区块链，其实就是一种用于维护分布式事务账本和账本更新历史记录的系统。区块链是不断增长的记录，这些记录通过密码进行连接和保护。

基于区块链，不完全互相信任的组织之间，就可以使用对等协议而不是中央第三方或手动的离线对账过程来同意将更新操作提交到共享的账本中。区块链可以实现实时的交易，并在受信任的业务网络中安全共享防止篡改的数据。

Oracle 区块链平台是一个许可的区块链，提供了封闭的生态系统，只有受邀的组织（或参与者）才可用加入网络并保留账本的副本。许可的区块链使用者访问控制层来强制哪些组织可用来访问该区块链网络。创始组织或区块链网络的所有者可以确定加入网络的参与者。网络中所有的节点都是已知的，并使用共识协议来确保下一个块是唯一的真实版本。达成该共识协议需要如下三步。

（1）背书——确定接受还是拒绝交易。

（2）排序——将某一时间段内的所有事务分类为一个区块。

（3）验证——验证是否已经获得所需的许可，并且符合认可策略和组织权限。

区块链技术具有如下关键特性。

- 共享、透明与去中心化——区块链网络维护所有的交易事实和更新历史的分布式账本。所有的网络参与者都能够看到一致的数据。数据在区块链网络的各个组织中进行分布和复制。任何授权的组织都可以访问数据。

- 不可修改且不可逆——每个新的区块都会包含对前一个区块的引用，该引用会创建数据链。数据分布在网络组织之间。区块链记录只能添加，不能被不可检

测地更新或删除。并且，在将区块或交易写入账本之前，需要达成共识。因此，无法否认数据记录的存在及其有效性。在满足背书策略并达成共识之后，将数据分组为多个区块，然后基于不可变的加密安全 hash 值，将新的区块添加到账本中。只有那些被授权，并且拥有相应的加密密钥的成员才可以查看数据。

- 加密——区块链中的所有记录均已加密。
- 生态系统封闭——加入区块链网络的组织可以拥有账本的副本。组织在现实世界中均为人所知。
- 快速——分钟级交易验证，网络成员之间可以直接互动。

如何从区块链技术中受益，相关的例子有很多，其中一个就是供应链制造企业。假设该公司位于美国，并使用墨西哥的一家第三方公司来采购材料并生产电子元件。借助于区块链网络，制造企业就可以快速了解如下问题的答案。

- 产品当前位于生产周期的哪个阶段？
- 产品在何处生产？
- 产品是否符合规格和出口合规性规定？
- 产品的所有权何时转移？
- 发票有无问题，组织是否需要付款？
- 组织应该如何处理制造、运输或接收过程中出现的任何意外情况？

在企业中实施区块链技术能够帮助企业管理业务实践并提高效率。使用区块链技术的主要收益如下。

- 提高业务速度——可以为企业与企业之间的交易创建一个受信任的网络，并在企业范围之外扩展和自动化运营。借助于区块链技术，可以通过提供整个公司生态系统实时信息的可视性来优化业务决策。
- 降低运营成本——可以使用区块链技术来加速交易，并通过受信任的通用信息共享结构来消除烦琐的离线对账处理。区块链可以通过使用对等业务网络来帮助消除中介和相关成本，以及可能的单点故障和时间延迟。
- 降低防欺诈和合规性的成本——区块链能够实现数据的安全复制，加密的区块可以防止对关键业务记录的非法篡改操作，从而防止单点故障和内部数据篡改。

与其他可用的区块链产品相比,使用 OBP 来创建和管理企业的区块链网络具有更多的优势。作为 Oracle 公有云预置的 PaaS 服务,OBP 已经包含了支持区块链网络所需的所有资源:计算、存储、容器、身份服务、事件管理,以及相应的管理服务。OBP 也包括了用于支持集成操作的区块链网络控制台。这可以让用户在分钟级内开始进行应用程序的开发,并在数天或数周而不是数个月的时间内完成概念验证。

OBP 基于 Linux 基金会的超级账本(Hyperledger Fabric)开源项目,并且在多个方面对其进行了扩展。OBP 具有如下优势。

(1)与 OCI 预集成。

- 包含预置的 PaaS 服务和基于模板的资源就绪服务。
- 使用 Oracle 的第二代公有基础设施架构 OCI,并与相关的依赖项预先集成(如托管容器、虚拟机、身份管理、块存储卷、对象存储,以及 Kafka 服务等)。
- 支持多云混合的区块链网络拓扑。可以跨越多个 OCI 数据中心、用户本地化部署的超级账本,以及第三方云服务。从而能够在不同的组织、数据中心,以及各大洲之间连接区块链的各个节点。

(2)以 Oracle 托管服务的方式运行。

- Oracle 自动对其进行操作监控。
- 零停机服务管理补丁和更新操作。
- 嵌入式账本和备份配置管理。

(3)安全提升。

- 使用了基于 TLS 1.2 的数据传输加密技术,在 TLS 密码套件中优先处理前向安全密码。
- 对所有配置和账本数据进行静态数据加密。
- 将用户与其他租户及 Oracle 员工账户隔离。
- 提供 Web 应用防火墙(Web Application Firewall,WAF)服务,以保护区块链各个组件免受网络攻击。
- 提供对区块链资源的所有 API 调用的审核日志记录。这些记录可以通过 API 进行查询,或者作为批处理文件从 OCI 对象存储服务获得。

(4)与 Oracle 公有云的 IDCS 服务集成。

- 提供用户和角色管理服务。

- 为 OBP 控制台、REST 代理，以及 CA 提供身份验证服务。
- 支持身份联合和第三方客户端证书，以实现联盟链，并简化成员加入。

（5）与对象存储服务集成。

- 动态备份配置更改信息和新的账本区块。
- 在 OCI 可用域之间自动复制备份数据。

（6）添加 REST 代理。

- 可以通过 REST 来调用丰富的 Fabric API 接口，简化交易集成。
- 可以启用同步或异步调用，也可以启用事件回调及 DevOps 操作。
- 简化集成，并使得应用程序与事务流中的底层更改相互隔离。

（7）加速集成。

- 使用 OCI 提供的服务，可以将 Oracle SaaS、PaaS 及用户本地的应用程序区块链交易、查询和事件集成在一起。
- 可以使用启用了区块链技术的 Oracle Flexcube、Open Banking API 平台，或者是其他嵌入了区块链 API 的 Oracle 应用。
- 可以在 Oracle SaaS、本地或非 Oracle 系统中使用 ERP、EPM、GL、SCM，以及 HCM 等，并将其与区块链技术快速集成，从而简化数据交换，与其他组织进行可信交易。

（8）管理与操作控制台。

- Oracle 提供了全面直观的 Web 用户界面和向导，以便自动执行许多管理任务。例如，将组织添加到区块链网络中、添加新的节点、创建新的通道、部署和实例化 Chaincode（链码，也就是 Smart Contract，即智能合约），以及浏览账本等。
- 可以通过 REST API 来调用 DevOps，从而管理和监视区块链。
- 动态处理配置更新，无须重启节点。
- 提供仪表板、账本浏览器及日志查看器，用于监视和故障排除。

（9）使用 Oracle Berkeley 数据库作为世界状态数据库存储。

- 在数据库级别提供了丰富的 CouchDB 查询支持。
- 提供基于 SQL 的丰富查询支持。
- 在提交时验证查询结果，从而确保账本的完整性，并避免出现幻象读（Phantom Read）现象。

（10）集成富历史数据库。

可以将交易历史记录透明地映射到 ADW 或 DBCS 中，并在区块链交易历史记录和世界状态数据上使用分析或 BI 工具（如 OAC 或第三方工具）进行数据分析和挖掘。

（11）高可用架构及弹性基础设施。

OBP 专为关键业务应用而构建，旨在作为高度安全、弹性、可扩展的平台并进行连续操作。它能够对账本区块和配置信息进行连续备份，并提供对所有网络组件的连续监控及自主恢复服务。每个用户的区块链实例都使用了多个 Oracle 托管的虚拟机和容器框架来确保其高可用性。该框架包含如下内容。

- 对等节点容器分布在多个虚拟机上，以确保其中一个虚拟机不可用，或者正在修复时服务依然具有弹性。
- 在所有虚拟机上都复制了订购者、Fabric-CA、控制台及 REST 代理节点，从而可以进行透明接管而避免中断。
- 使用了多虚拟机部署的高可用 Kafka/Zookeeper 集群。
- 用户链码执行容器为隔离的虚拟机环境，从而提供更高的安全性和稳定性。
- 所有组件都具有自主监视和代理恢复设置，可以利用所有配置的更新信息及账本区块的动态存储备份来实现自主恢复。
- 在 OCI 可用域之间自动复制对象存储，从而提供针对数据中心中断的弹性。

因此，OBP 与 OCI 的完美集成，实现了同类区块链应用最佳的可用性、高性能，以及安全性。

注：关于 Oracle 区块链平台服务，可以参考
https://docs.oracle.com/en/cloud/paas/blockchain-cloud/index.html。

8.2.3　Oracle 数据科学云服务

2018 年 5 月 16 日，Oracle 宣布收购 DataScience.com。从而为 Oracle 公有云添加了领先的数据科学平台，使得用户能够充分利用机器学习技术来加速自身企业的业务发展。通过 OCI 和 DataScience.com 的结合，用户就能够利用数据科学平台来更有效

地利用机器学习和大数据技术进行预测分析和改善业绩。

OCI 数据科学云服务具有良好的性能和安全性，它专为数据科学团队而创建，使得数据科学能够具有更好的协作性、可扩展性，并且功能强大。

- 协作。Oracle 数据科学云服务是为企业中的数据科学设计的平台。数据科学家团队可以在一个协作的工作区内协同工作。这些工作区具有用于细粒度访问控制和安全性等功能，可以将数据科学资产集中组织在同一个地方。数据科学可以改变团队在数据驱动的项目上进行协作的方式。

- 可扩展。利用 OCI 的硬件速度和规模，数据科学家可以将其科学工作负载进行扩展，从而应对组织中的大数据挑战。用户无须 DevOps 的专业知识，数据科学家就可以轻松地在 OCI 上建立自己的机器学习 pipeline，并且只需为使用的内容付费。

- 功能强大。Oracle 数据科学云服务是根据现代数据科学家的需求而设计的，它将最新的开源机器学习工具包与 Oracle 的专有技术紧密结合。数据科学家可以使用自己喜欢的工具和库。

Oracle 数据科学云服务具有如下特性。

- 协同工作区

 - 项目。基于项目的用户体验方式，简化了数据科学操作，并使得团队在云上也可以协同工作。

 - 访问控制。与 Oracle IDCS 的集成，可确保管理人员控制对数据科学资产的访问。

 - 模型目录。通过模型和元数据的托管存储，数据科学家可以跟踪、发现，以及使用同事创建的模型。

- 模型生命周期管理

 - 数据科学 SDK。内置的 Python SDK 使得常见的数据科学任务变得更容易、更快、更不容易出错。

 - 自动化机器学习。Oracle 专有的 AutoML 内置在数据科学 SKD 中，从而提供了一种快速简便的方法来生成准确的候选模型。

 - 模型解释。数据科学 SDK 中，Oracle 专有的模型解释功能，可以轻松地生成模型评估和指标解释，并以可视化的形式进行展现。

- 开源支持
  - 笔记本会话。内置的云托管 JupyterLab 笔记本会话，能够使团队可以通过 Python 构建和训练模型。
  - 可视化工具。使用流行的开源可视化工具（如 Plotly、Matplotlib 和 Bokeh）进行可视化和浏览数据。
  - 开源机器学习框架。使用流行的机器学习框架（如 TensorFlow 和 Scikit-learn）启动笔记本会话，或者使用自己的软件包。
- 访问数据与计算资源
  - 资料存取。用户可以利用存储在 Oracle 对象存储服务中的数据或任何云、本地的其他数据源。
  - 自助式可扩展计算。在 OCI 上可以启动任意的大型或小型计算任务，以处理各种规模的数据分析。
  - 端到端的模型开发。在高性能的 OCI 上构建、训练和部署模型。

注：关于 Oracle 数据科学云服务，可以参考 https://docs.oracle.com/en/cloud/paas/data-science-cloud/index.html。

8.3 本章小结

Oracle 的公有云架构是业界唯一进化到了第二代的公有云平台，因此与其他公有云相比，Oracle 公有云有着更高的安全性和更好的性能表现。本章简要介绍了 Oracle 公有云的整个产品服务体系，并对其中的几个云服务，如 OMC、OBP，以及数据科学云服务做了简要的介绍。希望读者对 Oracle 公有云有较为基本的认知，这样在以后用到 Oracle 公有云服务时，就可以有个初步的了解。

第 9 章

Oracle 19c 关键特性

2019 年 3 月，Oracle 19c 正式发布。它作为 Oracle 12c 和 18c 系列产品的最终版本，也是"长期支持版本"。Oracle 官方将为 Oracle 19c 提供 4 年的高级支持（至 2023 年）和至少 3 年的延长支持（至 2026 年）。因此对于广大用户来说，了解并掌握 Oracle 19c 的关键新特性，并将现有的数据库升级到 Oracle 19c，是极为重要的一件事情。

与 Oracle 18c 不同，Oracle 19c 的侧重点落在了提升版本的稳定性和 Bug 修复上，因此新增加的特性和 Oracle 18c 相比并不算多，但是它依然有不少值得我们关注和研究的特性。在本章中，我们将从 Oracle 19c 的新特性中，挑选出一些相对关键的部分予以介绍。

注：Oracle 官网提供了一个非常好的小工具，称之为 Database Features and Licensing。可以通过它来了解不同 Oracle 数据库版本所对应的新特性，以及不同版本所包含的可选组件等。链接为 https://apex.oracle.com/database-features/。

9.1 实时统计信息收集

对于 Oracle 数据库来说，如何对 SQL 进行优化，使之一直有着良好的运行性能表现，始终选择最优的执行计划，是 DBA 长久以来不断追求的目标。其中，如何保证 SQL 所用到的表的统计信息始终处于最新的状态，从而与表中数据的真实情况保持一致，算得上是 SQL 优化中的关键一环。在 Oracle 12c 之前的版本中，Oracle 默认使用每天的定时任务在固定的时间窗口中收集全库中表的统计信息。从 Oracle 12.1 版本开始，Oracle 开始在用户进行 CTAS 操作时自动收集新创建的表的统计信息。但无论是通过定时任务来收集统计信息，还是 DBA 手工处理，都无法满足实际应用中各张表的数据瞬息万变的情况。因此，从 Oracle 19c 版本开始，Oracle 引入了实时统计信息收集这一特性。我们将在下面介绍 Oracle 是如何进行统计信息的实时收集的。

第一步，创建测试表。

首先初始化环境（这里的操作在自己的数据中心、虚拟机或云上均可进行）：

```
[oracle@oel76 ~]$ sqlplus / as sysdba
Connected to:
Oracle Database 19c Enterprise Edition Release 19.0.0.0.0 -
Production Version 19.2.0.0.0
SYS@ora19c> show pdbs;
    CON_ID    CON_NAME        OPEN      MODE  RESTRICTED
----------- --------------- --------- ----- ----------
      2       PDB$SEED        READ      ONLY     NO
      3       PDB1            MOUNTED
      4       PDB2            MOUNTED
SYS@ora19c> alter pluggable database all open;
SYS@ora19c> alter pluggable database pdb1 save state;
SYS@ora19c> show pdbs;
    CON_ID    CON_NAME        OPEN      MODE  RESTRICTED
----------- --------------- --------- ----- ----------
      2       PDB$SEED        READ      ONLY     NO
      3       PDB1            READ      WRITE    NO
      4       PDB2            READ      WRITE    NO
SYS@ora19c> alter session set container=pdb1;
```

在 PDB1 中运行系统提供的创建 HR 方案的脚本：

```
SYS@ora19c> @?/demo/schema/human_resources/hr_main.sql;
specify password for HR as parameter 1:
Enter value for 1: hr
specify default tablespace for HR as parameter 2:
Enter value for 2: users
specify temporary tablespace for HR as parameter 3:
Enter value for 3: temp
```

```
specify log path as parameter 4:
Enter value for 4: /u01
SYS@ora19c> grant dba to hr;
```

创建测试表：

```
SYS@ora19c> conn hr/hr@localhost:1521/pdb1
HR@localhost:1521/pdb1> create table tab_01 as select * from
dba_objects;
HR@localhost:1521/pdb1>
  select TABLE_NAME,NUM_ROWS,BLOCKS,EMPTY_BLOCKS,
    to_char(LAST_ANALYZED,'YYYY-MM-DD HH24:MI:SS')
ANA_DATE,notes
  from user_tab_statistics where table_name='TAB_01';
TABLE_NAME  NUM_ROWS  BLOCKS  EMPTY_BLOCKS  ANA_DATE       NOTES
------------ ------------ -------- -------------- 
------------------ -------
   TAB_01      72410      1439        0         2019-12-25 09:49:19
```

可见，Oracle 已经自动收集了统计信息。这里的 NOTES 是 Oracle 19c 中新引入的列，用于描述与统计信息相关的一些额外属性。例如，如果该列的值为 STATS_ON_CONVENTIONAL_LOAD，则表明该统计信息是由 Oracle 通过常规的 DML 操作在线收集的。并且在 Oracle 19c 中，实时统计信息收集是自动打开的，若不想使用，则可以通过设置 hint：NO_GATHER_OPTIMIZER_STATISTICS 来阻止这一默认行为。

事实上，这里的 NOTES 列用于显示是否自动收集了统计信息。

第二步，模拟数据操作。

我们这里做一些数据插入操作：

```
HR@localhost:1521/pdb1> insert into tab_01 select * from tab_01;
HR@localhost:1521/pdb1> commit;
```

然后查看其执行计划：

```
HR@localhost:1521/pdb1>
  select * from
table(DBMS_XPLAN.DISPLAY_CURSOR(format=>'TYPICAL'));
  PLAN_TABLE_OUTPUT
  ----------------------------------------------------------------
------------
  SQL_ID  a91qvxdnxw10a, child number 0
  ----------------------------------------
```

```
    insert into tab_01 select * from tab_01
    Plan hash value: 1160224985
    --------------------------------------------------------------
    -----------
    | Id | Operation                          | Name    | Rows   |
Bytes  | Cost (%CPU)    | Time     |
    |  0 | INSERT STATEMENT                    |         |        |
|393 (100)                      |
    |  1 | LOAD TABLE CONVENTIONAL             | TAB_01  |        |
    |               |          |
    |  2 |   OPTIMIZER STATISTICS GATHERING    |         | 72410  |
9334K  |393    (1)         |00:00:01 |
    |  3 |    TABLE ACCESS FULL                | TAB_01  | 72410  |
9334K  |393    (1)         | 00:00:01 |

    15 rows selected.
```

注意上面执行计划中的 LOAD TABLE CONVENTIONAL，这表明此时 Oracle 自
动收集了表 TAB_01 的统计信息。我们再执行如下查询：

```
HR@localhost:1521/pdb1>
    select TABLE_NAME,NUM_ROWS,BLOCKS,EMPTY_BLOCKS,
        to_char(LAST_ANALYZED,'YYYY-MM-DD HH24:MI:SS') ANA_DATE,
notes
    from user_tab_statistics where table_name='TAB_01';
    TABLE_NAME  NUM_ROWS  BLOCKS  EMPTY_BLOCKS  ANA_DATE
NOTES
    ------------- ------------- -------- ---------------
-------------------- -------
    TAB_01      72410    1439         0          2019-12-25 09:49:19
    TAB_01      144820   2922                    2019-12-25 10:10:59
                                                STATS_ON_CONVENTIONAL_DML
```

可见，此时 NOTES 列中已经有了说明。

第三步，将收集的统计信息写入字典表。

默认情况下，实时收集的统计信息并不会立即写入数据字典。此时，我们可以执
行存储过程令其强制写入。如下：

```
HR@localhost:1521/pdb1> exec dbms_stats.flush_database_monitoring_
info;
```

注：flush_database_monitoring_info 这一过程，可以将缓存在内存中的所有通过监控收集的表的统计信息保存到数据字典表中。包括*_TAB_MODIFICATIONS、*_TAB_STATISTICS 及*_IND_STATISTICS。相关内容可参考 https://docs.oracle.com/en/database/oracle/oracle-database/19/arpls/DBMS_STATS.html#GUID-CA79C291-B7B4-4B35-8507-454366D83A03。

然后，我们再执行一个查询，并查看其执行计划：

```
HR@localhost:1521/pdb1> select count(*) from tab_01;
  COUNT(*)
----------
  144820
HR@localhost:1521/pdb1>
  select * from table(DBMS_XPLAN.DISPLAY_CURSOR(format=>'TYPICAL'));
PLAN_TABLE_OUTPUT
-----------------------------------------------------------------
SQL_ID  41auras4r3a9y, child number 0
-----------------------------------------------------------------
select count(*) from tab_01
Plan hash value: 4218700832
-----------------------------------------------------------------
| Id | Operation          | Name   | Rows  | Cost (%CPU) |
Time |
-----------------------------------------------------------------
|  0 | SELECT STATEMENT   |        |       | 794 (100)   |
    |
|  1 |  SORT AGGREGATE    |        | 1     |             |
    |
|  2 |   TABLE ACCESS FULL| TAB_01 | 144K  | 794    (1)  |
00:00:01 |
-----------------------------------------------------------------
Note
----
   - dynamic statistics used: statistics for conventional DML
18 rows selected.
```

可以看到，这里执行的 SQL 查询，就用到了 Oracle 自动收集的统计信息。

注：关于实时统计信息的收集，读者也可以参考

https://docs.oracle.com/en/database/oracle/oracle-database/19/tgsql/optimizer-statistics-concepts.html#GUID-769E609D-0312-43A7-9581-3F3EACF10BA9。

9.2　hint 使用情况报告

9.2.1　Oracle 19c 中引入 hint 使用情况报告的目的

在 Oracle 19c 之前，我们很难确定 Oracle 是处于什么原因而没有使用某一个 hint。Oracle 19c 中提供了 hint 使用情况报告，用来解决这一问题。

优化器会使用指定的 hint 来为 SQL 语句选择执行计划（除非有某些原因阻止优化器这么做）。在忽略 hint 时，数据库并不会报告错误信息，因此我们就无法知晓为何 hint 会被忽略。而 hint 使用情况报告将会显示使用了哪些 hint，以及忽略了哪些 hint，并且通常情况也会解释为何会忽略某些 hint。一个 hint 被优化器忽略，绝大部分都是出于如下原因。

- 语法错误

hint 可能会包含错别字或无效的参数。如果在一个 hint 块中出现了多个 hint，并且其中一个 hint 有语法错误，则此时优化器处理 hint 的方式为：所有出现在该错误 hint 之前的 hint 都将被考虑，但该错误 hint 及其后面出现的 hint，都将会被优化器忽略。例如，在如下的 hint 设置中 /*+ INDEX(T1) FULL(t2) MERG(v) USE_NL(t2) */，MERG(v)有语法错误，优化器将会使用 INDEX(T1)和 FULL(t2)，但是忽略 MERG(v)和 USE_NL(t2)。hint 使用情况报告会列出 MERG(v)有语法错误，但是 hint USE_NL(t2)则不会被解析。

- 无法解析的 hint

hint 无法解析并不是因为出现了语法错误。例如，一个 SQL 语句指定了 hint INDEX(employees emp_idx)，而此时 emp_idx 不是表 employees 的一个有效的索引名称。

- hint 冲突

数据库会忽略出现冲突的 hint，即便是这些 hint 已经被正确指定。例如，一个语句指定了 FULL(employees) INDEX(employees)，但此时包含了一个索引扫描和一个全表扫描，这两个是互相排斥的。在绝大部分情况下，优化器会同时忽略这两个 hint。

● hint 受到转换影响

在 SQL 转换发生时，某些 hint 可能会变成无效状态。例如，一个语句指定了 PUSH_PRED(some_view) MERGE(some_view)，当 some_view 将它自己合并到了包含其查询块中后，优化器就没有办法使用 PUSH_PRED hint 了，因为此时 some_view 已经不可用了。

9.2.2　hint 使用情况报告的用户接口

hint 使用情况报告包含了所有与优化器相关的 hint，某些 hint 的子集，如 PARALLEL 和 INMEMORY，也都包含在该报告内。

在默认情况下，hint 跟踪已经处于启用状态，可以使用 DBMS_XPLAN 的如下函数来访问 hint 使用情况报告。

● DISPLAY

● DISPLAY_CURSOR

● DISPLAY_WORKLOAD_REPOSITORY

● DISPLAY_SQL_PLAN_BASELINE

● DISPLAY_SQLSET

当在 format 参数中指定 HINT_REPORT 的值时，上述函数均可以用来生成 hint 报告。值 TYPICAL 只显示没有在最终执行计划中使用的 hint；值 ALL 则显示所有使用的和未使用的 hint。

当然，我们查看执行计划最快捷的方式，也就是使用 set autot 命令，默认情况下也是可以看到 hint 使用情况报告的。

我们以 SCOTT 方案下的 emp 表为例，如：

```
SCOTT@ora19c> set autot traceonly;
SCOTT@ora19c> select /*+ INDEX(emp_pk) */ count(*) from emp;
Execution Plan
------------------------------------------------------------
Plan hash value: 1006289799
------------------------------------------------------------
| Id | Operation      | Name  | Rows | Cost (%CPU)| Time    |
------------------------------------------------------------
```

```
| 0 | SELECT STATEMENT     |        | 1 | 2 (0)| 00:00:01 |
| 1 | SORT AGGREGATE       |        | 1 |      |          |
| 2 | INDEX FAST FULL SCAN | PK_EMP | 14| 2 (0)| 00:00:01 |
--------------------------------------------------------------
Hint Report (identified by operation id / Query Block Name / Object
Alias):
Total hints for statement: 1 (N - Unresolved (1))
--------------------------------------------------------------
1 - SEL$1
N - INDEX(emp_pk)
```

上述输出结果中的 Hint Report 部分，就是 hint 使用情况报告。

首先，我们从本例中可以看到，这里一共涉及 1 个 hint。如果 hint 没有被使用、无法解析，或者有语法错误，则报告头部也将会显示这些 hint 的数量。

往下看，我们可以看到 SEL$1 这样的一个对象，它是一个查询块。用于表示其后面列出的 hint 所在的位置。SEL$1 前面的数字 1，表明其位于执行计划的第 1 行。

需要注意的是，hint 可以被指定到那些没有在最终执行计划中出现的对象上。如果一个查询块没有在最终的执行计划中出现，则 hint 使用情况报告将其所在的行号设置为 0。在上述例子中，没有 hint 的行号是 0，因此所有的查询块都出现在了最终的执行计划中。

hint 使用情况报告会显示 hint 的文本信息。hint 可能会有如下之一的注释。

- E 标识为语法错误。
- N 标识为未解析的 hint。
- U 标识为对应的 hint 没有在最终的执行计划中出现。

在上述例子中，N - INDEX(emp_pk)表明查询块 SEL$1 在最终的执行计划中出现了，但是 INDEX(emp_pk)hint 未被解析。这里的原因其实很简单，因为 emp 表上有索引，但其名称是 pk_emp，而非我们在 hint 中指定的 emp_pk：

```
SCOTT@ora19c> select index_name,table_name from ind where
table_name='EMP';
INDEX_NAME         TABLE_NAME
---------------    --------------------
PK_EMP             EMP
```

9.2.3 相关材料

可以使用 DBMS_XPLAN 的 display 函数来报告 hint 的使用情况。

hint 使用情况报告默认就是启用的。显示带有 hint 相关信息的执行计划，其操作步骤与正常显示执行计划的步骤一样。

在介绍之前，我们先有如下假设。

- emp.empno 列上有一个索引，名称为 pk_emp。
- 想查询一个特定的雇员。
- 想使用 INDEX hint 来强制优化器使用索引 pk_emp。

为了使用 hint 使用情况报告，可以执行如下步骤。

（1）打开 SQL*Plus 或 SQL Developer，并以用户 SCOTT 登录数据库。

（2）解释查询 emp 的 SQL 语句。输入如下语句：

```
SCOTT@ora19c> explain plan for select /*+ index(e pk_emp) */ count(*)
from emp e where e.empno=7902;
```

（3）使用 display 函数查询 plan table。

可以在 format 参数中指定如下任意值：

- ALL
- TYPICAL
- HINT_REPORT
- HINT_REPORT_USED
- HINT_REPORT_UNUSED

如下的查询显示了执行计划的全部内容，其中也包含 hint 使用情况报告：

```
SCOTT@ora19c> select * from table(dbms_xplan.display(format=>
'ALL'));

PLAN_TABLE_OUTPUT
--------------------------------------------------------------------
Plan hash value: 1729829196
--------------------------------------------------------------------
| Id  | Operation        | Name | Rows | Bytes | Cost (%CPU)| Time     |
--------------------------------------------------------------------
|  0  | SELECT STATEMENT |      |    1 |   13 | 1 (0) | 00:00:01 |
```

```
| 1 | SORT AGGREGATE          |        | 1 | 13 |         |          |
|* 2 | INDEX UNIQUE SCAN      |PK_EMP | 1 | 13 | 1 (0) | 00:00:01 |
---------------------------------------------------------------------
Query Block Name / Object Alias (identified by operation id):
  1 - SEL$1
  2 - SEL$1 / E@SEL$1
Predicate Information (identified by operation id):
--------------------------------------------------- --
  2 - access("E"."EMPNO"=7902)
Column Projection Information (identified by operation id):
  1 - (#keys=0) COUNT(*)[22]
Hint Report (identified by operation id / Query Block Name / Object
Alias):
Total hints for statement: 1
---------------------------------------------------------------------
  2 -  SEL$1 / E@SEL$1
    -  index(e pk_emp)
32 rows selected.
```

上述输出结果中的 hint 使用报告部分，显示了 INDEX(e pk_emp) hint 所在的查询块为 SEL$1，表的标识符为 E@SEL$1。执行计划的行号为 2，对应于表 E@SEL$1 在 plan table 中第一次出现时所在的行号。

9.2.4　hint 使用情况报告样例

我们这里通过例子展示 hint 使用情况报告的不同类型。

这些例子中查询所用到的表均位于 SCOTT 下。

1. 语句级别的未使用 hint

如下查询为 pk_emp 索引指定了一个索引范围扫描的 hint：

```
SCOTT@ora19c> explain plan for select /*+ INDEX_RS(e pk_emp) */
count(*) from emp e;
```

如下 plan table 的查询输出，指定了 format 的值为 TYPICAL，用于只显示未使用的 hint 信息：

```
SCOTT@ora19c> select * from table(dbms_xplan.display(format=>
'TYPICAL'));
  PLAN_TABLE_OUTPUT
---------------------------------------------------------------------
```

```
Plan hash value: 1006289799
--------------------------------------------------------------------
| Id | Operation            | Name   | Rows |Cost(%CPU)| Time     |
--------------------------------------------------------------------
|  0 | SELECT STATEMENT     |        |  1   |  2   (0) |00:00:01 |
|  1 | SORT AGGREGATE       |        |  1   |          |         |
|  2 | INDEX FAST FULL SCAN |PK_EMP  | 14   |  2   (0) |00:00:01 |
--------------------------------------------------------------------
Hint Report (identified by operation id / Query Block Name / Object
Alias):
Total hints for statement: 1 (U - Unused (1))
--------------------------------------------------------------------
   2 -  SEL$1 / E@SEL$1
   U -  INDEX_RS(e pk_emp)
Note
-----
   - dynamic statistics used: dynamic sampling (level=2)
20 rows selected.
```

上述 hint 使用情况报告中的 U，表明 INDEX_RS hint 没有被优化器使用。该报告显示了没有被使用的 hint 的总数：U – Unused (1)。

2. hint 冲突

这里的例子指定了两个 hint，一个为跳跃扫描，另一个为快速全扫描：

```
SCOTT@ora19c> explain plan for select /*+ INDEX_SS(e pk_emp)
INDEX_FFS(e) */ count(*) from emp e;
```

这里 plan table 的查询输出，指定了 format 的值为 TYPICAL，用于只显示未使用的 hint 信息：

```
SCOTT@ora19c> select * from table(dbms_xplan.display(format=>
'TYPICAL'));
PLAN_TABLE_OUTPUT
--------------------------------------------------------------------
Plan hash value: 1006289799
--------------------------------------------------------------------
| Id | Operation            | Name   |Rows |Cost(%CPU)| Time     |
--------------------------------------------------------------------
|  0 | SELECT STATEMENT     |        |  1  |  2   (0) |00:00:01 |
|  1 | SORT AGGREGATE       |        |  1  |          |         |
|  2 | INDEX FAST FULL SCAN |PK_EMP  | 14  |  2   (0) |00:00:01 |
--------------------------------------------------------------------
```

```
    Hint Report (identified by operation id / Query Block Name / Object
Alias):
    PLAN_TABLE_OUTPUT
    ------------------------------------------------------------------------
    Total hints for statement: 2 (U - Unused (2))
    ------------------------------------------------------------------------
     2 -  SEL$1 / E@SEL$1
     U -  INDEX_FFS(e) / hint conflicts with another in sibling query
block
     U -  INDEX_SS(e pk_emp) / hint conflicts with another in sibling
query block
    Note
    -----
    PLAN_TABLE_OUTPUT
    ------------------------------------------------------------------------
     - dynamic statistics used: dynamic sampling (level=2)
    21 rows selected.
```

上述报告显示出 INDEX_FFS(e) 与 INDEX_SS(e pk_emp) 两个 hint 互相冲突。优化器忽略了这两个 hint。如所显示的 U－Unused(2)。并且，这里显示了关于该冲突的详细说明：hint conflicts with another in sibling query block。

注：关于 hint 使用情况报告的更多内容，也可参阅 oracle 官方文档，链接为 https://docs.oracle.com/en/database/oracle/oracle-database/19/tgsql/influencing-the-optimizer.html#GUID-F9F20FDC-8AC9-429C-A4F9-3FF747077182。

9.3　自动索引

　　与 Oracle 12.1 中的多租户（multitenant）、Oracle 12.2 中的 sharding 一样，Oracle 19c 中的自动索引（Auto Index）可以算得上是 Oracle 19c 中最为引人关注的新特性之一。索引在数据库性能优化方面的价值众所周知。如何根据 SQL 的具体执行情况、数据分布等来创建索引，从而使得 SQL 能够获得最好的执行性能，一直都是 DBA 比较头疼的事情。Oracle 19c 中引入这一特性，从根本上解决了索引的管理问题，包括创建、删除、重建，以及索引监控等。

9.3.1　自动索引简介

自动索引能够自动完成 Oracle 数据库中的所有管理任务。它可以根据应用负载的变化而自动创建、重建，以及删除数据库中的索引。因此，自动索引能够极大地提升数据库的性能。这种自动管理索引的特性就被称为自动索引。

对于数据库性能而言，索引是至关重要的一种数据结构。对于 OLTP 类的应用而言，索引更是在其中扮演了关键的角色。我们可以通过索引，在一天内就运行上百万条 SQL 语句，并使用大量的数据。对于数据仓库类应用而言，索引也足够重要。当应用负载发生变化时，如果没有及时更新索引，则现有的索引可能就会导致数据库性能严重恶化。

自动索引能够根据应用负载的变化来动态和自动化地管理索引，从而提升数据库的性能。

自动索引能够提供如下功能。

- 基于预先设置的时间间隔，在后台周期性地运行自动索引处理进程。
- 分析应用的负载情况，并据此创建新的索引，同时删除旧的索引，进而来提升数据库性能。
- 将标记为 Unusable 的索引进行重建。出现此种情况的索引，可能是因为进行了表分区的维护操作，如 ALTER TABLE MOVE 等。
- 为自动索引的配置和生成报告提供了 PL/SQL API 接口。

需要注意的是，目前，自动索引只支持 B-Tree 索引，可以在分区表和非分区表上使用自动索引，但不能在临时表上使用。

注：自动索引这一新特性，目前只在 Cloud 和 Exadata 环境下提供。其他某些新特性也是如此，请读者留意。

9.3.2　自动索引是如何工作的

默认情况下，自动索引处理进程在后台每隔 15 分钟运行一次，以便完成如下操作。

1．确定自动索引的候选索引

Oracle 会根据 SQL 语句里表中列的使用情况来确定候选索引，但需要确保表的统计信息是最新的，因此和实时统计信息联合使用效果更佳。如果表的统计信息是过期的，则不考虑使用自动索引。

2．为这些候选索引创建不可见的自动索引

候选索引是以不可见的方式创建出来的，也就是说，这些索引无法被 SQL 语句所使用。

3．基于 SQL 语句来验证这些不可见的自动索引

不可见索引会基于 SQL 语句来进行验证。如果使用了这些索引，SQL 语句的性能得到提升，则这些索引就会被修改为可见索引。这样就可以被 SQL 语句使用了。如果使用了这些索引，SQL 语句的性能没有得到提升，则这些索引会被修改为 Unusable 状态，并且 SQL 语句也会被列入黑名单。这些 Unusable 的索引稍后将会被自动索引处理进程予以删除。而处于黑名单中的 SQL 语句，在将来也不再被允许使用自动索引。但需要说明的是，对于那些初次在数据库中运行的 SQL 语句，将无法使用自动索引特性。

4．删除无用的自动索引

在一段时间内没有被使用的自动索引将会被删除。默认情况下，被标记为 Unused 状态的自动索引，将会在 373 天之后被删除。此类索引的保留时间，也可以通过 DBMS_AUTO_INDEX.CONFIGURE 过程进行配置。

9.3.3 如何配置自动索引

配置 Oracle 数据库中的自动索引，主要是通过 DBMS_AUTO_INDEX.CONFIGURE 过程来实现的。下面将介绍自动索引相关的一些配置，它们都可以通过 DBMS_ AUTO_INDEX.CONFIGURE 来完成。

1．启用/禁用自动索引

可以使用 AUTO_INDEX_MODE 这一配置项来设置在数据库中启用或禁用自动索引。

下面的语句将在数据库中启用自动索引，并且所有创建的自动索引都会是可见索

引，因此可以将其用于 SQL 语句中：

```
EXEC DBMS_AUTO_INDEX.CONFIGURE('AUTO_INDEX_MODE','IMPLEMENT');
```

下面的语句也将在数据库中启用自动索引，但是所创建的自动索引均为不可见索引，因此也就无法应用到 SQL 语句中：

```
EXEC DBMS_AUTO_INDEX.CONFIGURE('AUTO_INDEX_MODE','REPORT ONLY');
```

下面的语句将会在数据库中禁用自动索引，因此就不会再创建新的自动索引了（但原有的自动索引依然可用）：

```
EXEC DBMS_AUTO_INDEX.CONFIGURE('AUTO_INDEX_MODE','OFF');
```

2．指定可以使用自动索引的方案

可以使用 AUTO_INDEX_SCHEMA 这一配置项来设置哪些方案可以使用自动索引。当在数据库中启用自动索引特性后，数据库中所有的方案默认情况下均可使用自动索引。

下面的语句将 SH 和 HR 两个方案添加到排除列表中，因此它们都无法使用自动索引：

```
EXEC DBMS_AUTO_INDEX.CONFIGURE('AUTO_INDEX_SCHEMA', 'SH', FALSE);
EXEC DBMS_AUTO_INDEX.CONFIGURE('AUTO_INDEX_SCHEMA', 'HR', FALSE);
```

下面的语句则将 HR 方案从排除列表中移除，因此 HR 方案就可以使用自动索引了：

```
EXEC DBMS_AUTO_INDEX.CONFIGURE('AUTO_INDEX_SCHEMA', 'HR', NULL);
```

下面的语句则将所有的方案都从排除列表中移除，这样所有的方案都可以使用自动索引了：

```
EXEC DBMS_AUTO_INDEX.CONFIGURE('AUTO_INDEX_SCHEMA', NULL, TRUE);
```

3．设置 Unused 状态的自动索引的保留时间

可以使用 AUTO_INDEX_RETENTION_FOR_AUTO 这一配置项来设置数据库中处于 Unused 状态的自动索引的保留时间。处于该状态的索引，将会在指定的保留时间之后予以删除。

默认情况下，处于 Unused 状态的自动索引，将会在 373 天之后被删除。

下面的语句，将 Unused 状态的自动索引的保留时间设置为 90 天：

```
EXEC DBMS_AUTO_INDEX.CONFIGURE('AUTO_INDEX_RETENTION_FOR_AUTO',
'90');
```

下面的语句，则将保留时间重置为默认的 373 天：

```
EXEC DBMS_AUTO_INDEX.CONFIGURE('AUTO_INDEX_RETENTION_FOR_AUTO',
```

```
NULL);
```

4. 为 Unused 状态的非自动索引设置保留时间

也可以使用 AUTO_INDEX_RETENTION_FOR_MANUAL 这一配置项来为数据库中的那些被标记为 Unused 状态的非自动索引（手工创建的索引）设置保留时间。这样，这些 Unused 状态的非自动索引在一定的保留时间之后就会被删除。默认情况下，这些 Unused 状态的非自动索引将永远不会被自动索引处理进程删除。

下面的语句，将 Unused 状态的非自动索引的保留时间设置为 60 天：

```
EXEC DBMS_AUTO_INDEX.CONFIGURE('AUTO_INDEX_RETENTION_FOR_MANUAL',
'60');
```

下面的语句，则将 Unused 状态的非自动索引的保留时间设置为 NULL，这样它们就永远不会被自动索引处理进程删除了：

```
EXEC DBMS_AUTO_INDEX.CONFIGURE('AUTO_INDEX_RETENTION_FOR_AUTO',
NULL);
```

5. 设置自动索引日志的保留时间

可以使用 AUTO_INDEX_REPORT_RETENTION 这一配置项来设置数据库中的自动索引日志的保留时间。该自动索引日志将在指定的保留时间之后被删除。默认情况下，这些自动索引日志将在 31 天后被删除。

下面的语句，将自动索引日志的保留时间设置为 60 天：

```
EXEC DBMS_AUTO_INDEX.CONFIGURE('AUTO_INDEX_REPORT_RETENTION',
'60');
```

下面的语句，则将自动索引日志的保留时间重置为默认的 31 天：

```
EXEC DBMS_AUTO_INDEX.CONFIGURE('AUTO_INDEX_REPORT_RETENTION',
NULL);
```

需要说明的是，自动索引报告是基于自动索引日志而生成的。因此，自动索引报告的生成时间就不能超过由 AUTO_INDEX_REPORT_RETENTION 配置项所设置的自动索引日志的保留时间。

6. 指定存储自动索引的表空间

可以使用 AUTO_INDEX_DEFAULT_TABLESPACE 这一配置项来设置用于存储自动索引的表空间。默认情况下，在数据库创建阶段指定的永久表空间，会被用来存储自动索引。

下面的语句，将 TBS_AUTO 表空间设置为存储自动索引的表空间：

```
EXEC DBMS_AUTO_INDEX.CONFIGURE('AUTO_INDEX_DEFAULT_TABLESPACE',
```

```
'TBS_AUTO');
```

7. 设置用于存储自动索引的表空间可使用的百分比

可以使用 AUTO_INDEX_SPACE_BUDGET 这一配置项来设置用于存储自动索引的表空间可使用的百分比。需要注意的是，只有当用于存储自动索引的表空间，也就是数据库创建阶段所指定的永久表空间时，该设置项才起作用。即当 AUTO_INDEX_DEFAULT_TABLESPACE 没有设置时，AUTO_INDEX_SPACE_ BUDEGE 才生效。

下面的语句，将表空间的 5% 用于存储自动索引：

```
EXEC DBMS_AUTO_INDEX.CONFIGURE('AUTO_INDEX_SPACE_BUDGET', '5');
```

8. 为自动索引配置高级索引压缩

可以使用 AUTO_INDEX_COMPRESSION 这一配置项来设置是否将高级索引压缩选项应用于自动索引。

如下的例子，展示了在创建自动索引时如何启用高级索引压缩：

```
EXEC DBMS_AUTO_INDEX.CONFIGURE('AUTO_INDEX_COMPRESSION','ON');
```

注：关于 DBMS_AUTO_INDEX.CONFIGURE 过程，也可以参考官方文档 *PL/SQL Packages and Types Reference* 中的 30.2.1 CONFIGURE Procedure。链接为 https://docs.oracle.com/en/database/oracle/oracle-database/19/arpls/DBMS_AUTO_INDEX.html#GUID-93A19936-453A-4C62-8DFB-FB52AC70C838。

9.3.4　生成自动索引使用情况报告

可以使用 DBMS_AUTO_INDEX 中的 REPORT_ACTIVITY 和 REPORT_LAST_ACTIVITY 函数来生成与 Oracle 数据库中的自动索引相关的一些报告。

注：也可以参考官方文档 *PL/SQL Packages and Types Reference* 中的 30.2.4 REPORT_ACTIVITY Function 和 30.2.5 REPORT_LAST_ACTIVITY Function。链接为 https://docs.oracle.com/en/database/oracle/oracle-database/19/arpls/DBMS_AUTO_INDEX.html #GUID-1F3D5845-0168-4F19-A7AB-5AEECD8FEBC5。

1. 基于指定的时间段生成自动索引操作报告

下面的例子生成了过去 24 小时的自动索引操作报告，level 为默认的 TYPICAL，报告的格式为纯文本，也是默认值。

```
declare
    report clob := null;
begin
    report := DBMS_AUTO_INDEX.REPORT_ACTIVITY();
end;
```

下面的例子生成了 2018 年 11 月的自动索引操作报告，level 为 BASIC，报告格式为 HTML，并且只包含自动索引操作的概要信息。

```
declare
    report clob := null;
begin
report := DBMS_AUTO_INDEX.REPORT_ACTIVITY(
                activity_start   => TO_TIMESTAMP('2018-11-01',
'YYYY-MM-DD'),
                activity_end     => TO_TIMESTAMP('2018-12-01',
'YYYY-MM-DD'),
                type             => 'HTML',
                section          => 'SUMMARY',
                level            => 'BASIC');
end;
```

2. 生成上一次自动索引操作报告

下面的例子生成了上一次自动索引操作报告，level 为 TYPICAL，报告的格式为纯文本。

```
declare
    report clob := null;
begin
    report := DBMS_AUTO_INDEX.REPORT_LAST_ACTIVITY();
end;
```

下面的例子生成了上一次自动索引操作报告，level 为 BASIC，该报告包含了上一次自动索引操作的概要信息、索引的详细信息，以及错误信息。报告的格式为 HTML。

```
declare
    report clob := null;
begin
    report := DBMS_AUTO_INDEX.REPORT_LAST_ACTIVITY(
```

```
                type     => 'HTML',
                section  => 'SUMMARY +INDEX_DETAILS +ERRORS',
                level    => 'BASIC');
    end;
```

9.3.5 与自动索引相关的视图

在 Oracle 数据库中，与自动索引相关的视图如下。

- DBA_AUTO_INDEX_CONFIG
- DBA_INDEXES
- ALL_INDEXES
- USER_INDEXES
- DBA_AUTO_INDEX_CONFIG
- DBA_AUTO_INDEX_EXECUTIONS
- DBA_AUTO_INDEX_IND_ACTIONS
- DBA_AUTO_INDEX_SQL_ACTIONS
- DBA_AUTO_INDEX_STATISTICS
- DBA_AUTO_INDEX_VERIFICATIONS
- CDB_AUTO_INDEX_CONFIG
- CDB_AUTO_INDEX_EXECUTIONS
- CDB_AUTO_INDEX_IND_ACTIONS
- CDB_AUTO_INDEX_SQL_ACTIONS
- CDB_AUTO_INDEX_STATISTICS
- CDB_AUTO_INDEX_VERIFICATIONS

这些视图涵盖了自动索引相关的操作记录、统计信息，以及使用这些自动索引的相关 SQL 的信息。

注：关于自动索引，读者也可以参考 Oracle 官方文档 *Database Administrator's Guide* 中的 21.7 Managing Auto Indexes。链接为

https://docs.oracle.com/en/database/oracle/oracle-database/19/admin/managing-indexes.html#GUID-D1285CD5-95C0-4E74-8F26-A02018EA7999。

9.3.6 自动索引示例

先查看一下当前的数据库环境及自动索引默认设置：

```
SYS@ora19c> select banner from v$version;
BANNER
--------------------------------------------------------------------
Oracle Database 19c Enterprise Edition Release 19.0.0.0.0 -
Production

SYS@ora19c>
  select PARAMETER_NAME,PARAMETER_VALUE from dba_auto_index_config;
PARAMETER_NAME                          PARAMETER_VALUE
------------------------------          ------------------------------
AUTO_INDEX_DEFAULT_TABLESPACE
AUTO_INDEX_MODE                         OFF
AUTO_INDEX_REPORT_RETENTION             31
AUTO_INDEX_RETENTION_FOR_AUTO           373
AUTO_INDEX_RETENTION_FOR_MANUAL
AUTO_INDEX_SCHEMA
AUTO_INDEX_SPACE_BUDGET                 50

7 rows selected.
```

然后准备测试数据：

```
SYS@ora19c> conn hr/hr@localhost:1521/pdb1
HR@localhost:1521/pdb1> create table auto_tab1 as select * from
dba_objects;
HR@localhost:1521/pdb1> insert into auto_tab1 select * from
auto_tab1;
HR@localhost:1521/pdb1> /
HR@localhost:1521/pdb1> /
HR@localhost:1521/pdb1> /
HR@localhost:1521/pdb1> commit;
```

接下来启用自动索引特性：

```
HR@localhost:1521/pdb1>
  EXEC DBMS_AUTO_INDEX.CONFIGURE('AUTO_INDEX_MODE','IMPLEMENT');
HR@localhost:1521/pdb1>
  select PARAMETER_NAME,PARAMETER_VALUE from dba_auto_index_config;
PARAMETER_NAME                          PARAMETER_VALUE
```

```
------------------------------     -------------------------------
AUTO_INDEX_DEFAULT_TABLESPACE
AUTO_INDEX_MODE                    IMPLEMENT
AUTO_INDEX_REPORT_RETENTION        31
AUTO_INDEX_RETENTION_FOR_AUTO      373
AUTO_INDEX_RETENTION_FOR_MANUAL
AUTO_INDEX_SCHEMA                  schema IN (HR)
AUTO_INDEX_SPACE_BUDGET            50


7 rows selected.
```

执行大量的测试语句：

```
    HR@localhost:1521/pdb1> select object_name from auto_tab1 where
object_id = 12345;
    HR@localhost:1521/pdb1> select object_name from auto_tab1 where
object_id = 9527;
    HR@localhost:1521/pdb1> select object_name from auto_tab1 where
object_id = 10010;
    ......
```

查看自动索引进程工作情况（可能要等待 15 分钟）：

```
    HR@localhost:1521/pdb1> select EXECUTION_NAME from
dba_auto_index_executions;
    EXECUTION_NAME
    ------------------------------------------------------------------
    SYS_AI_2019-12-25/15:30:19
    HR@localhost:1521/pdb1>
      select * from dba_auto_index_statistics
      where execution_name=' SYS_AI_2019-12-25/15:30:19';
    EXECUTION_NAME              STAT_NAME                 VALUE
    ------------------------------------------------------------------
    SYS_AI_2019-12-25/15:30:19    Index candidates
1
    SYS_AI_2019-12-25/15:30:19    Indexes created (visible)
1
    SYS_AI_2019-12-25/15:30:19    Indexes created (invisible)
0
    SYS_AI_2019-12-25/15:30:19    Indexes dropped
0
    SYS_AI_2019-12-25/15:30:19    Space used in bytes
17113512
```

```
    SYS_AI_2019-12-25/15:30:19        Space reclaimed in bytes
0
    SYS_AI_2019-12-25/15:30:19        SQL statements verified
8
    SYS_AI_2019-12-25/15:30:19        SQL statements improved
5
    SYS_AI_2019-12-25/15:30:19        SQL statements managed by SPM
0
    SYS_AI_2019-12-25/15:30:19        SQL plan baselines created
0
    SYS_AI_2019-12-25/15:30:19        Improvement percentage
99.94
```

这样我们就可以生成自动索引的使用情况报告了：

```
    HR@localhost:1521/pdb1> SET LONG 1000000 PAGESIZE 0
    HR@localhost:1521/pdb1> SELECT DBMS_AUTO_INDEX.report_activity()
FROM dual;
    GENERAL INFORMATION
    -------------------------------------------------------------------

    Activity start       : 24-DEC-2019 15:36:18
    Activity end         : 25-DEC-2019 15:36:18
    Executions completed : 28
    Executions interrupted   : 0
    Executions with fatal error : 0
    -------------------------------------------------------------------


    SUMMARY (AUTO INDEXES)
    -------------------------------------------------------------------

    Index candidates             : 1
    Indexes created (visible / invisible)       : 1 (1 / 0)
    Space used (visible / invisible)     : 16.78 MB (16.78 MB / 0 B)
    Indexes dropped              : 0
    SQL statements verified          : 10
    SQL statements improved (improvement factor) : 7 (2361.7x)
    SQL plan baselines created           : 0
    Overall improvement factor           : 1739.5x
    -------------------------------------------------------------------


    SUMMARY (MANUAL INDEXES)
    -------------------------------------------------------------------

    Unused indexes    : 0
```

```
Space used       : 0 B
Unusable indexes : 0
-----------------------------------------------------------------


INDEX DETAILS
-----------------------------------------------------------------
1. The following indexes were created:
- ---------------------------------------------------------------
| Owner | Table    | Index              | Key       | Type| Properties |
-----------------------------------------------------------------
| HR | AUTO_TAB1 | SYS_AI_bhs2yq35fndta | OBJECT_ID | B-TREE | NONE|
-----------------------------------------------------------------


VERIFICATION DETAILS
-----------------------------------------------------------------
1. The performance of the following statements improved:
-----------------------------------------------------------------
Parsing Schema Name  : HR
SQL ID            : 125b3uuqsc20h
SQL Text          : select count(object_name) from auto_tab1 where
object_id=9988
Improvement Factor   : 2825.4x


PLANS SECTION
-----------------------------------------------------------------


- Original
---------------------------
 Plan hash value : 1038928356

-----------------------------------------------------------------
| Id | Operation          |Name      |Rows|Bytes|Cost | Time      |
-----------------------------------------------------------------
| 0 | SELECT STATEMENT   |          |    |     | 6348 |           |
| 1 | SORT AGGREGATE     |          | 1  | 79  |      |           |
| 2 | TABLE ACCESS FULL  |AUTO_TAB1 |16  |1264 | 6348 | 00:00:01  |
-----------------------------------------------------------------


Notes
-----
- optimizer_use_stats_on_conventional_dml = yes
```

```
- With Auto Indexes
-----------------------------
Plan Hash Value : 3274127504
----------------------------------------------------------------------
| Id | Operation                     | Name   |Rows |Bytes|Cost |Time     |
----------------------------------------------------------------------
| 0 |SELECT STATEMENT                |        | 1   | 79  | 19  |00:00:01 |
| 1 |SORT AGGREGATE                  |        | 1   | 79  |     |         |
| 2 |TABLE ACCESS BY INDEX ROWID BATCHED   |AUTO_TAB1 | 16 |
1264 | 19  |00:00:01   |

|* 3 |INDEX RANGE SCAN   |SYS_AI_bhs 2yq35fndta | 16 |     |     |
3 | 00:00:01   |


        ------------------------------------------------------------


Predicate Information (identified by operation id):
-------------------------------------------
* 3 - access("OBJECT_ID"=9988)

Notes
-----
- optimizer_use_stats_on_conventional_dml = yes
- Dynamic sampling used for this statement ( level = 11 )
……（下面省略）
```

上面的自动索引使用情况报告，主要分为如下几部分。

（1）一般信息。

（2）概要信息（包括自动索引和手动索引）。

（3）有无使用自动索引时 SQL 语句的执行计划对比信息。

当然，根据生成的报告的时间范围不同，包含的 SQL 语句数量也会有所不同。

9.4 SQL 语句隔离（SQL Quarantine）

从 Oracle 19c 开始，我们就可以使用 SQL Quarantine 技术来隔离某些 SQL 语句的执行计划了。这些 SQL 语句由于过度消耗系统资源而被资源管理器（Resource Manager）停止执行了。有时候，单条 SQL 语句可能会有多个执行计划，如果该 SQL

语句尝试使用已经被隔离的执行计划,则数据库将不会允许该 SQL 语句执行,这样能够阻止数据库性能出现下滑。因此,从这个角度来讲,SQL Quarantine 其实更应该称为 SQL 执行计划隔离。

9.4.1　SQL 执行计划隔离简介

通过 Oracle 的资源管理器,我们可以配置 SQL 语句在使用系统资源时的限制(资源管理器阈值)。一旦 SQL 语句消耗的资源超过了该值,资源管理器就会终止 SQL 语句的执行。在 Oracle 数据库的早期版本中,如果被资源管理器终止的 SQL 语句又重新被执行了,则资源管理器会允许该 SQL 语句执行,但是只要它超过了资源管理器设置的阈值,该 SQL 语句就会又被资源管理器终止。因此,如果允许这样的 SQL 语句不断重复执行的话,则会带来系统资源的极大浪费。

从 Oracle 19c 开始,可以使用 SQL 语句隔离这一特性,将那些被资源管理器终止的 SQL 语句的执行计划进行隔离。这样,它们就不会再被重新执行了。SQL 语句的隔离信息会被周期性地写入数据字典表中。当资源管理器终止一条 SQL 语句时,可能需要花费几分钟来对该 SQL 语句的执行计划进行隔离。

注:也可以参考官方文档 *Database Licensing Information User Manual* 中的 1.3 Permitted Features, Options, and Management Packs by Oracle Database Offering,了解不同的数据库版本和服务都支持哪些特性。链接为

https://docs.oracle.com/en/database/oracle/oracle-database/19/dblic/Licensing-Information.html#GUID-0F9EB85D-4610-4EDF-89C2-4916A0E7AC87。

此外,通过使用 DBMS_SQLQ 包的子程序来指定消耗各种系统资源的阈值(类似于资源管理器阈值),SQL 语句隔离也可以用来为 SQL 语句的执行计划创建隔离配置。这些阈值称为隔离阈值。如果任意资源管理器阈值小于或等于 SQL 语句的隔离配置所设置的隔离阈值,该 SQL 语句使用其隔离配置中指定的执行计划,则该 SQL 语句将不会被允许执行。

我们可以通过如下步骤,来使用 DBMS_SQLQ 包中的子程序为 SQL 语句的执行计划手工设置隔离阈值。

（1）为 SQL 语句的某一执行计划创建隔离配置。

（2）在该隔离配置中设置隔离阈值。

当然，我们也可以使用 DBMS_SQLQ 包中的子程序来执行如下与隔离配置相关的操作。

- 启用/禁用隔离配置。

- 删除隔离配置。

- 将隔离配置从一个数据库转移到另外一个数据库。需要注意的是，一个隔离配置与 SQL 语句的一个执行计划绑定。如果不同的 SQL 语句使用了同样的执行计划，则不会共享同一个隔离配置。被隔离的执行计划，与被资源管理器终止的一条 SQL 语句绑定。因此，如果一条 SQL 语句的执行计划被隔离了，则其他尚未被资源管理器终止的 SQL 语句将不会被隔离。

- 如果没有为 SQL 语句的执行计划创建隔离配置，或者如果在隔离配置中没有设置隔离阈值，则该 SQL 语句的执行计划仍然有可能会被自动隔离（如果是因为该 SQL 语句消耗了超过资源管理器阈值所指定的系统资源而被资源管理器终止的话）。

例如，假设资源管理器的一条资源计划，将 SQL 语句的执行时间限制为 10 秒（资源管理器阈值）。我们假设该资源计划被应用到了 SQL 语句 Q1 上。如果 Q1 的执行时间超过了 10 秒，则它将被资源管理器终止。此时，SQL 语句隔离将会为 Q1 当前的执行计划创建一个隔离配置，并将执行时间设置为 10 秒作为一个隔离阈值，存储在隔离配置中。

如果 Q1 又被执行，并且使用了与此前相同的执行计划，此时资源管理器的阈值依然是 10 秒，则 SQL 语句隔离将不会允许 Q1 执行，因为这里会引用 10 秒的隔离配置，从而确定了 Q1 最终还是会被资源管理器终止，毕竟 Q1 至少要执行 10 秒。

如果资源管理器阈值被修改为 5 秒，而 Q1 语句又使用同样的执行计划再次执行，则 SQL 语句隔离依然不会允许 Q1 执行。

但是，如果资源管理器的阈值被修改为 15 秒，然后 Q1 又使用同样的执行计划执行，则 SQL 语句隔离将会允许 Q1 执行。因为 Q1 还是有可能在 15 秒内执行完毕的。

隔离阈值与 SQL 语句的某一执行计划绑定。如果 SQL 语句及其执行计划超过了资源管理器的阈值，则隔离阈值也会被 SQL 语句隔离自动设置。也可以使用

DBMS_SQLQ 包的子程序手工设置一条 SQL 语句的某一执行计划的隔离阈值。

注：关于如何使用资源管理器来设置资源消耗限制，可以参考 *Database Administrator's Guide* 的 27.2.5.2 Specifying Automatic Switching by Setting Resource Limits，链接为 https://docs.oracle.com/en/database/oracle/oracle-database/19/admin/managing-resources-with-oracle-database-resource-manager.html#GUID-4206F2EE-E897-4F60-BDE0-3623C1BDBB12。

9.4.2　为 SQL 语句的执行计划创建隔离配置

我们可以使用 DBMS_SQLQ 中的 CREATE_QUARANTINE_BY_SQL_ID 或 CREATE_QUARANTINE_BY_SQL_TEXT 为一条 SQL 语句的执行计划创建隔离配置。

下面的例子中 SQL_ID 是 8vu7s907prbgr 的 SQL 语句，并且对其 hash 值为 3488063716 的执行计划创建隔离配置：

```
DECLARE
        quarantine_config VARCHAR2(30);
BEGIN
        quarantine_config := DBMS_SQLQ.CREATE_QUARANTINE_BY_SQL_ID(
                        SQL_ID => '8vu7s907prbgr',
                        PLAN_HASH_VALUE => '3488063716');
END;
/
```

如果没有指定执行计划，或者将其设置为 NULL（即没有设置 PLAN_HASH_VALUE），则隔离配置将会被应用到该 SQL 语句的所有执行计划上（除了那些已经被创建了隔离配置的执行计划）。

下面的例子展示了一条 SQL_ID 是 152sukb473gsk 的 SQL 语句的所有执行计划创建的隔离配置：

```
DECLARE
        quarantine_config VARCHAR2(30);
BEGIN
        quarantine_config := DBMS_SQLQ.CREATE_QUARANTINE_BY_SQL_ID(
                        SQL_ID => '152sukb473gsk');
END;
```

```
    /
```

下面的例子为 SQL 语句"select count(*) from emp"的所有执行计划创建隔离配置：

```
    DECLARE
        quarantine_config VARCHAR2(30);
    BEGIN
        quarantine_config :=
DBMS_SQLQ.CREATE_QUARANTINE_BY_SQL_TEXT(
                        SQL_TEXT => to_clob('select count(*)
from emp'));
    END;
    /
```

CREATE_QUARANTINE_BY_SQL_ID 和 CREATE_QUARANTINE_BY_SQL_TEXT 函数返回结果为隔离配置的名称，我们可以通过该名称，使用 DBMS_SQLQ.ALTER_QUARANTINE 过程来设置 SQL 语句某一执行计划的隔离阈值。

注：关于 DBMS_SQLQ，可以参考 Oracle 官方文档 *PL/SQL Packages and Types Reference* 的 163 DBMS_SQLQ，链接为 https://docs.oracle.com/en/database/oracle/oracle-database/19/arpls/DBMS_SQLQ.html#GUID-C9CEBBEA-9543-42B2-B318-465BAA4F832F。

9.4.3 在隔离配置中设置隔离阈值

在为 SQL 语句的执行计划创建了隔离配置之后，我们就可以使用 DBMS_SQLQ.ALTER_QUARANTINE 过程来设置隔离相关的阈值了。当任意资源管理器阈值小于或等于为 SQL 语句的隔离配置所设置的隔离阈值时，该 SQL 语句将不会被允许执行（如果该 SQL 语句使用了隔离设置中指定的执行计划的话）。

我们可以使用 DBMS_SQLQ.ALTER_QUARANTINE 过程在隔离配置中为如下资源指定隔离阈值：

- CPU_TIME
- ELAPSED_TIME
- I/O in megabytes

- Number of physical I/O requests
- Number of logical I/O requests

在下面的例子中，对于隔离配置 SQL_QUARANTINE_3z0mwuq3aqsm8cfe7a0e4，其 CPU_Time 被设置为 5 秒，ELAPSED_Time 被设置为 10 秒：

```
BEGIN
        DBMS_SQLQ.ALTER_QUARANTINE(
            QUARANTINE_NAME =>
'SQL_QUARANTINE_3z0mwuq3aqsm8cfe7a0e4',
            PARAMETER_NAME  => 'CPU_TIME',
            PARAMETER_VALUE => '5');

        DBMS_SQLQ.ALTER_QUARANTINE(
            QUARANTINE_NAME =>
'SQL_QUARANTINE_3z0mwuq3aqsm8cfe7a0e4',
            PARAMETER_NAME  => 'ELAPSED_TIME',
            PARAMETER_VALUE => '10');
    END;
    /
```

当该 SQL 语句使用了隔离配置中指定的执行计划执行时，并且如果资源管理器的 CPU_Time 阈值被设置为 5 秒或更小，或者 ELAPSED_Time 被设置为 10 秒或更小时，该 SQL 语句将不会被允许执行。

注：如果资源管理器的任意阈值都小于或等于 SQL 语句的隔离配置中所设置的隔离阈值，则该 SQL 语句将不会被允许执行（如果该语句使用了隔离配置中设置的执行计划的话）。

---

1. 查询隔离配置中的隔离阈值

我们可以使用 DBMS_SQLQ.GET_PARAM_VALUE_QUARANTINE 函数来查询一个隔离配置中的隔离阈值。在下面的例子中，返回了隔离配置 SQL_QUARANTINE_3z0mwuq3aqsm8cfe7a0e4 中的 CPU_Time 消耗隔离阈值：

```
DECLARE
        quarantine_config_setting_value VARCHAR2(30);
    BEGIN
        quarantine_config_setting_value :=
            DBMS_SQLQ.GET_PARAM_VALUE_QUARANTINE(
```

```
                    QUARANTINE_NAME =>
'SQL_QUARANTINE_3z0mwuq3aqsm8cfe7a0e4',
                    PARAMETER_NAME => 'CPU_TIME');
    END;
    /
```

2. 删除隔离配置中的隔离阈值

可以通过将 DBMS_SQLQ.DROP_THRESHOLD 设置为 PARAMETER_VALUE 参数的值的方式，在一个隔离配置中删除隔离阈值。在下面的例子中，删除了隔离配置 SQL_QUARANTINE_3z0mwuq3aqsm8cfe7a0e4 中的 CPU_Time 消耗这一隔离阈值：

```
    BEGIN
        DBMS_SQLQ.ALTER_QUARANTINE(
            QUARANTINE_NAME =>
'SQL_QUARANTINE_3z0mwuq3aqsm8cfe7a0e4',
            PARAMETER_NAME => 'CPU_TIME',
            PARAMETER_VALUE => DBMS_SQLQ.DROP_THRESHOLD);
    END;
    /
```

注：关于 DBMS_SQLQ.ALTER_QUARANTINE 过程，也可以参考

https://docs.oracle.com/en/database/oracle/oracle-database/19/arpls/DBMS_SQLQ.html#GUID-442813C4-07F7-4795-90AA-B6BF904FDA18。

9.4.4 隔离配置的启用/禁用

可以使用 DBMS_SQLQ.ALTER_QUARANTINE 过程来启用或禁用隔离配置。默认情况下，当一个隔离配置被创建之后，它就处于启用状态。

下面的例子禁用了名称为 SQL_QUARANTINE_3z0mwuq3aqsm8cfe7a0e4 的隔离配置：

```
    BEGIN
        DBMS_SQLQ.ALTER_QUARANTINE(
            QUARANTINE_NAME => 'SQL_QUARANTINE_3z0mwuq3aqsm8cfe7a0e4',
            PARAMETER_NAME => 'ENABLED',
            PARAMETER_VALUE => 'NO');
    END;
    /
```

下面的例子则启用了名称为 SQL_QUARANTINE_3z0mwuq3aqsm8cfe7a0e4 的隔离配置:

```
BEGIN
    DBMS_SQLQ.ALTER_QUARANTINE(
        QUARANTINE_NAME => 'SQL_QUARANTINE_3z0mwuq3aqsm8cfe7a0e4',
        PARAMETER_NAME  => 'ENABLED',
        PARAMETER_VALUE => 'YES');
END;
/
```

9.4.5　查看隔离配置的详细信息

可以通过查看 DBA_SQL_QUARANTINE 视图来获取隔离配置的详细信息。DBA_SQL_QUARANTINE 视图包含了隔离配置的如下信息。

- 隔离配置的名称。
- 应用该隔离配置的 SQL 语句。
- 应用该隔离配置的执行计划的 hash 值。
- 隔离配置的状态（启用/禁用）。
- 隔离配置是否自动清除（YES/NO）。
- 隔离配置的隔离阈值:
  - CPU_TIME
  - ELAPSED_TIME
  - I/O in megabytes
  - Number of physical I/O requests
  - Number of logical I/O requests
- 隔离配置被创建的日期和时间。
- 隔离配置上一次执行的日期和时间。

注:关于 DBA_SQL_QUARANTINE 视图的相关信息,可以参考 Oracle 官方文档 *Database Reference* 的 5.359 DBA_SQL_QUARANTINE,链接为

https://docs.oracle.com/en/database/oracle/oracle-database/19/refrn/DBA_SQL_QUA RANTINE.html#GUID-ADAD10B6-04B3-44B6-B8E0-98C503D9EF61。

9.4.6　删除隔离配置

不再使用的隔离配置，将会在 53 周之后由系统自动删除和清理。当然，也可以使用 DBMS_SQLQ.DROP_QUARANTINE 过程来进行手工删除，还可以使用 DBMS_SQLQ.ALTER_QUARANTINE 过程来禁用隔离配置的自动删除行为。

下面的例子禁用了隔离配置 SQL_QUARANTINE_3z0mwuq3aqsm8cfe7a0e4 的自动删除：

```
    BEGIN
        DBMS_SQLQ.ALTER_QUARANTINE(
            QUARANTINE_NAME =>
'SQL_QUARANTINE_3z0mwuq3aqsm8cfe7a0e4',
            PARAMETER_NAME  => 'AUTOPURGE',
            PARAMETER_VALUE => 'NO');
    END;
    /
```

下面的例子启用了隔离配置 SQL_QUARANTINE_3z0mwuq3aqsm8cfe7a0e4 的自动删除：

```
    BEGIN
        DBMS_SQLQ.ALTER_QUARANTINE(
            QUARANTINE_NAME => 'SQL_QUARANTINE_3z0mwuq3aqsm8cfe7a0e4',
            PARAMETER_NAME  => 'AUTOPURGE',
            PARAMETER_VALUE => 'YES');
    END;
    /
```

下面的例子删除了隔离配置 SQL_QUARANTINE_3z0mwuq3aqsm8cfe7a0e4：

```
    BEGIN
      DBMS_SQLQ.DROP_QUARANTINE('SQL_QUARANTINE_3z0mwuq3aqsm8cfe7a0e4');
    END;
    /
```

9.4.7　查看某 SQL 语句被隔离的执行计划的详细信息

可以查看 V$SQL 和 GV$SQL 视图获取 SQL 语句被隔离的执行计划的详细信息。

V$SQL 和 GV$SQL 视图的如下两列将会显示 SQL 语句执行计划的隔离信息：

- SQL_QUARANTINE：该列显示了 SQL 语句执行计划上的隔离配置的名称。
- AVOIDED_EXECUTIONS：该列显示了 SQL 语句的执行计划被隔离后，该执行计划被阻止执行的次数。

注：可以查看 Oracle 官方文档 *Database Reference* 来了解这两个视图的详细信息。

9.4.8　在数据库之间转移隔离配置

通过使用 DBMS_SQLQ 包中的 CREATE_STGTAB_QUARANTINE、PACK_STGTAB_QUARANTINE 及 UNPACK_STGTAB_QUARANTINE 三个子程序，即可实现隔离配置在数据库之间的转移。

例如，假设已经在测试数据库上测试了隔离设置，并确认它们能够很好地工作，就有可能会想把这些隔离配置加载到生产数据库中去。

下面的例子展示了将隔离配置从一个数据库（源数据库）转移到另一个数据库（目标数据库）的相关步骤，这里使用了 DBMS_SQLQ 包的子程序来完成。

（1）使用具有管理权限的用户通过 SQL*Plus 连接到源数据库上，然后使用 DBMS_SQLQ.CREATE_STGTAB_QUARANTINE 过程来创建暂存表：

```
BEGIN
     DBMS_SQLQ.CREATE_STGTAB_QUARANTINE (
         staging_table_name => 'TBL_STG_QUARANTINE');
END;
/
```

（2）将那些想要转移到目标数据库中的隔离配置添加到暂存表中。下面的例子将所有名称以 QUARANTINE_CONFIG_ 开头的隔离配置添加到暂存表 TBL_STG_QUARANTINE 中：

```
DECLARE
     quarantine_configs NUMBER;
BEGIN
     quarantine_configs := DBMS_SQLQ.PACK_STGTAB_QUARANTINE(
                       staging_table_name =>
'TBL_STG_QUARANTINE',
```

```
                            name => 'QUARANTINE_CONFIG_%');
    END;
    /
```

DBMS_SQLQ.PACK_STGTAB_QUARANTINE 函数的返回结果为添加到暂存表中的隔离配置的数量。

（3）使用 Oracle DataPump 的导出功能将暂存表 TBL_STG_QUARANTINE 导出到 dump 文件中。

（4）将 dump 文件从源数据库上转移到目标数据库上。

（5）在目标数据库上，使用 Oracle DataPump 的导入功能将暂存表 TBL_STG_QUARANTINE 从 dump 文件中导入到目标数据库中。

（6）使用具有管理权限的用户通过 SQL*Plus 连接到目标数据库上，然后从导入的暂存表中创建隔离配置。

下面的例子展示了如何从存储在导入的暂存表 TBL_STG_QUARANTINE 中的隔离配置来在目标数据库中创建隔离配置：

```
    DECLARE
          quarantine_configs NUMBER;
    BEGIN
          quarantine_configs := DBMS_SQLQ.UNPACK_STGTAB_QUARANTINE(
                            staging_table_name =>
'TBL_STG_QUARANTINE');
    END;
    /
```

DBMS_SQLQ.UNPACK_STGTAB_QUARANTINE 函数的返回结果为目标数据库中创建的隔离配置的数量。

9.4.9　对消耗过多系统资源的 SQL 语句的执行计划进行隔离

这里我们通过一个例子来展示当一条 SQL 语句使用的资源超过了资源管理器配置的限制时，它的执行计划是如何被隔离的。

（1）使用资源管理器，设置 HR 用户执行的 SQL 语句的执行时间限制为 3 秒。

下面的代码使用 dbms_resource_manager 包中的子程序创建了一个复杂的资源计

划，具体包含如下操作。

- 创建一个消费者组：TEST_RUNAWAY_GROUP。

- 将 HR 用户赋予消费者组：TEST_RUNAWAY_GROUP。

- 创建一个资源计划：LIMIT_RESOURCE，当 SQL 语句执行时间超过 3 秒时，
  终止执行。

- 将 LIMIT_RESOURCE 资源计划赋予消费者组：TEST_RUNAWAY_GROUP。

```
connect / as sysdba

begin
    -- 创建Pending区
    dbms_resource_manager.create_pending_area();
    -- 创建消费者组TEST_RUNAWAY_GROUP
    dbms_resource_manager.create_consumer_group (
      consumer_group => 'TEST_RUNAWAY_GROUP',
      comment        => 'This consumer group limits execution time for
SQL statements'
      );

    -- 将HR用户赋予消费者组TEST_RUNAWAY_GROUP
    dbms_resource_manager.set_consumer_group_mapping(
      attribute       => DBMS_RESOURCE_MANAGER.ORACLE_USER,
      value           => 'HR',
      consumer_group => 'TEST_RUNAWAY_GROUP'  );

    -- 创建资源计划LIMIT_RESOURCE
    dbms_resource_manager.create_plan(
      plan     => 'LIMIT_RESOURCE',
      comment => 'Terminate SQL statements after exceeding total
execution time'  );

    -- 创建资源计划指令,将上面创建的资源计划赋予TEST_RUNAWAY_GROUP消费者组
    -- 并将隶属于该消费者组的SQL语句的执行时间限制为3秒
    dbms_resource_manager.create_plan_directive(
      plan             => 'LIMIT_RESOURCE',
      group_or_subplan => 'TEST_RUNAWAY_GROUP',
      comment          => 'Terminate SQL statements when they exceed
the' ||
                          'execution time of 3 seconds',
```

```
        switch_group    => 'CANCEL_SQL',
        switch_time     => 3,
        switch_estimate => false );

    -- 将资源通过OTHER_GROUPS分配给会话，但不包含当前活动状态的执行计划
    dbms_resource_Manager.create_plan_directive(
      plan              => 'LIMIT_RESOURCE',
      group_or_subplan  => 'OTHER_GROUPS',
      comment           => 'Ignore' );

    -- 检验并提交Pending区
    dbms_resource_manager.validate_pending_area();
    dbms_resource_manager.submit_pending_area();

    --为HR用户授予切换权限
    dbms_resource_manager_privs.grant_switch_consumer_group('HR',
'TEST_RUNAWAY_GROUP', false);

    -- 将HR用户的初始化消费者组设置为TEST_RUNAWAY_GROUP
    dbms_resource_manager.set_initial_consumer_group('HR',
                                    'TEST_RUNAWAY_GROUP');

end;
/

-- 将LIMIT_RESOURCE 设置为资源管理器的默认资源计划
alter system set RESOURCE_MANAGER_PLAN = 'LIMIT_RESOURCE' scope =
memory;

-- 解除对HR用户的账号锁定，并授予其DBA权限
alter user hr identified by hr_user_password account unlock;
grant dba to hr;

-- 清空共享池
alter system flush shared_pool;
```

（2）以 HR 用户连接到数据库，并执行如下 SQL 语句，其执行时间会超过 3 秒：

```
select count(*)
from employees emp1, employees emp2,
     employees emp3, employees emp4,
     employees emp5, employees emp6,
```

```
     employees emp7, employees emp8,
     employees emp9, employees emp10
where rownum <= 100000000;
```

该 SQL 语句将被资源管理器终止，因为它的执行时间超过了设置的值，并且将会显示如下错误信息：

```
ORA-00040: active time limit exceeded - call aborted
```

该 SQL 语句当前的执行计划将被添加到隔离列表，因此它就不会被允许再次执行了。

（3）再次执行该 SQL 语句。

现在该 SQL 语句将会被立即终止并显示如下错误信息，因为其执行计划已经被隔离：

```
ORA-56955: quarantined plan used
```

（4）通过查询 V$SQL 和 DBA_SQL_QUARANTINE 视图，来了解 SQL 语句被隔离的执行计划的详细信息。

查询 V$SQL 视图。该视图包含了 SQL 语句的各种统计信息，其中也包含隔离相关的统计信息。

```
select sql_text, plan_hash_value, avoided_executions,
sql_quarantine
   from v$sql
   where sql_quarantine is not null;
```

该查询的输出结果类似为：

```
SQL_TEXT                           LAN_HASH_VALUE    AVOIDED_EXECUTIONS
--------------------------------   ---------------   ------------------
select count(*)                    3719017987            1
from employees emp1, employees emp2,
    employees emp3, employees emp4,
    employees emp5, employees emp6,
    employees emp7, employees emp8,
    employees emp9, employees emp10
where rownum <= 100000000;
SQL_QUARANTINE
-----------------
SQL_QUARANTINE_3uuhv1u5day0yf6ed7f0c
```

这里的 SQL_QUARANTINE 列，显示了系统为 SQL 语句的执行计划自动生成的隔离配置名称。

查询 DBA_SQL_QUARANTINE 视图。该视图包含了 SQL 语句执行计划的隔离配置信息。

```
select sql_text, name, plan_hash_value, last_executed, enabled
from DBA_SQL_QUARANTINE;
```

该查询的输出结果类似为：

```
SQL_TEXT                              NAME
------------------------------------  ----------------------------
select count(*)
SQL_QUARANTINE_3uuhv1u5day0yf6ed7f0c
    from employees emp1, employees emp2,
        employees emp3, employees emp4,
        employees emp5, employees emp6,
        employees emp7, employees emp8,
        employees emp9, employees emp10
where rownum <= 100000000;
PLAN_HASH_VALUE    LAST_EXECUTED                 ENABLED
-----------------  ----------------------------  -------
3719017987         14-JAN-19 02.19.01.000000 AM   YES
```

这里的NAME列显示了系统为SQL语句的执行计划自动生成的隔离配置的名称。

（5）清除实验环境。

下面的代码将会清除本例子中用到的所有数据库对象：

```
connect / as sysdba

begin
    for quarantineObj in (select name from dba_sql_quarantine)
loop
        sys.dbms_sqlq.drop_quarantine(quarantineObj.name);
    end loop;
end;
/

alter system set RESOURCE_MANAGER_PLAN = '' scope = memory;
execute dbms_resource_manager.clear_pending_area();
execute dbms_resource_manager.create_pending_area();
execute dbms_resource_manager.delete_plan('LIMIT_RESOURCE');
execute
dbms_resource_manager.delete_consumer_group('TEST_RUNAWAY_GROUP');
```

```
execute dbms_resource_manager.validate_pending_area();
execute dbms_resource_manager.submit_pending_area();
```

注：关于 dbms_resource_manager，可以参考官方文档 *PL/SQL Packages and Types Reference* 中的 138 DBMS_RESOURCE_MANAGER，链接为

https://docs.oracle.com/en/database/oracle/oracle-database/19/arpls/DBMS_RESOUR CE_MANAGER.html#GUID-9876C289-99E4-416B-AB6F-D8318642053E。

又注：关于如何创建一个复杂的资源计划，则可以参考官方文档 *Database Administrator's Guide* 中的 27.5 Creating a Complex Resource Plan，链接为

https://docs.oracle.com/en/database/oracle/oracle-database/19/admin/managing-resour ces-with-oracle-database-resource-manager.html#GUID-4816CA07-1376-45FD-82D4-F9E 332936683。

从某种意义上来说，SQL 语句隔离，相当于在资源管理器的基础之上，对 SQL 语句进行了更细粒度的资源控制。也就是从资源管理器的单条 SQL 语句上，逐步精细化到了 SQL 语句的某一特定的执行计划上。因此，建议读者如果想使用这一特性的话，最好还是对要隔离的 SQL 语句的各种执行计划事先做一下筛选。

注：关于 SQL 语句隔离，读者也可以参考 Oracle 官方文档 *Database Administrator's Guide* 中的 9.5.3 Quarantine for Execution Plans for SQL Statements Consuming Excessive System Resources，链接为

https://docs.oracle.com/en/database/oracle/oracle-database/19/admin/diagnosing-and-r esolving-problems.html#GUID-1CF7E2B7-1BF8-4907-889E-1107CAA83E51。

9.5 混合分区表（Hybrid Partitioned Tables）

9.5.1 混合分区表简介

Oracle 的混合分区技术，将经典的内部分区表和外部分区表结合在了一起，从而形成一种更为通用的分区技术，这种分区技术称为混合分区表。

　　混合分区表能够让用户轻松地将内部分区和外部分区（即数据存放在数据库之外的源中）集成到一张分区表中。通过这一特性，还可以轻松地将非活动分区的数据转移到外部文件中，这样就能够使用成本更为低廉的存储解决方案了。

　　混合分区表中的分区，既可以存放在 Oracle 表空间中，也可以存放在外部源中，如 Linux 上的 CSV 文件，或者使用 Java 服务器的 HDFS 文件。混合分区表的外部分区，支持现有的所有外部表类型：ORACLE_DATAPUMP、ORACLE_LOADER、ORACLE_HDFS，以及 ORACLE_HIVE 等。用于外部分区的外部表类型，使用以下访问驱动类型：

- ORACLE_DATAPUMP
- ORACLE_LOADER
- ORACLE_HDFS
- ORACLE_HIVE

　　对于使用 ORACLE_LOADER 和 ORACLE_DATAPUMP 访问驱动类型的外部分区，需要为用户授予如下权限。

- 对包含数据文件的目录的读权限（READ）。
- 对包含日志文件和 BAD 文件的目标的写权限（WRITE）。
- 对包含 pre-processor 程序的目录的执行权限（EXECUTE）。

　　对于混合分区表而言，表级别的外部参数，适用于所有的外部分区。例如，EXTERNAL PARTITION ATTRIBUTES 子句中的 DEFAULT DIRECTORY，其值定义了存储数据文件、日志文件，以及 BAD 文件的默认位置。我们也可以在分区子句中使用 DEFAULT DIRECTORY 来覆盖这一默认设置。而对于使用了 ORACLE_HIVE 和 ORACLE_HDFS 访问驱动类型的外部分区，则 DEFAULT DIRECTORY 只用于存储日志文件。

　　因为约束是用于整张表的，所以不支持对存储在外部分区中的数据进行约束。例如，不能在混合分区表上强制执行主键或外键约束。混合分区表仅支持 RELY DISABLE 模式下的约束，如 NOT NULL、主键、唯一键，以及外键。如果基于这些约束来激活优化，则我们需要将会话级别的参数 QUERY_REWRITE_INTEGRITY 设置为 TRUSTED 或 STALE_TOLERATED。

混合分区表可以使用基于分区的优化技术来访问内部和外部分区，具体包含如下内容。

- 静态分区裁剪
- 动态分区裁剪
- 布隆裁剪（Bloom Pruning）

注：所谓布隆裁剪，指的是基于 Bloom 技术而实现的一种分区裁剪方式。Bloom 技术在 IT 领域内应用广泛，除 Oracle 数据库外，Hadoop 中也经常能够见到。该技术可以用来检索某一个元素是否在指定的数据集合中。其优点是空间和查询效率都比较高，但存在一定的误识别率。

基于成本方面的考虑，混合分区表为用户提供了可以在内部和外部分区之间移动数据的能力。但是，定义在表级别上的自动数据优化（Automatic Data Optimization，ADO）技术，则只能作用在表的内部分区上。

9.5.2　混合分区表支持的操作

在混合分区表上，支持如下操作。

- 使用一级的 RANGE 或 LIST 方法创建分区表。
- 使用 ALTER TABLE...这样的 DDL 语句来进行分区的添加、删除，以及重命名操作。
- 在分区的级别上修改外部分区的外部数据源的位置。
- 将现有的只包含内部分区的分区表转换为同时包含内部和外部分区的混合分区表。
- 将现有的位置修改为空位置以便来创建一个新的空外部分区。
- 在内部分区上创建全局部分非唯一索引。
- 基于内部分区创建物化视图。
- 创建包含外部分区的物化视图，但 QUERY_REWRITE_INTEGRITY 只能是 STALE_TOLERATED 模式。

- 基于外部分区的全分区刷新。
- 混合分区表上的内部分区支持 DML 触发器操作。
- 只支持在混合分区表的内部分区上执行 ANALYZE TABLE…VALIDATE STRUCTURE。
- 将现有的混合分区表修改为只包含内部分区的分区表。
- 外部分区可以与外部非分区表进行分区交换。同样，内部分区也可以和内部非分区表进行分区交换。

9.5.3 混合分区表的限制

在混合分区表上，有如下限制。

- 适用于外部的各种限制，同样也适用于混合分区表（如果没有显式说明的话）。
- 不支持参考分区和系统分区。
- 只支持一级的 LIST 和 RANGE 分区方法（即不能包含二级分区）。
- 没有唯一索引或全局唯一索引。只有部分索引是被允许的，而唯一索引不能是部分索引。
- 对于 HIVE，只支持一级的 LIST 分区。
- 簇属性不允许使用（Clustering 子句）。
- 只支持在混合分区表的内部分区上执行 DML 操作（外部分区被视为只读分区）。
- 混合分区表上表级别的 In-Memory 设置只作用于内部分区。
- 列没有默认值。
- 不允许不可见列。
- 不允许使用 CELLMEMORY 子句。
- 不允许对外部分区执行拆分、合并，以及移动维护操作。
- 不能在内部分区与外部表之间进行分区交换。此外，也不能在外部表与内部分区之间进行分区交换。
- 不支持 LOB、LONG，以及 ADT 数据类型。
- 只支持 RELY 约束。

9.5.4 创建混合分区表

在使用 CREATE TABLE 语句来创建表时，可以使用 EXTERNAL PARTITION ATTRIBUTES 子句来指定要创建的表为混合分区表。此时，该表的分区可以是内部分区，也可以是外部分区。

混合分区表可以将分区存储在数据文件中（内部分区），也可以存储在外部文件或源中（外部分区）。在创建和查询混合分区表时，依然可以使用经典分区表的各种好处，如分区裁剪等，虽然此时数据已经分布在内部和外部分区中。

CREATE TABLE 语句的 EXTERNAL PARTITION ATTRIBUTES 子句在表级别进行定义，用于指定混合分区表的表级别外部参数，例如：

- 访问驱动类型，如 ORACLE_LOADER、ORACLE_DATAPUMP、ORACLE_HDFS，或者 ORACLE_HIVE。
- 所有外部分区文件的默认目录。
- 访问参数。

PARTITION 子句中的 EXTERNAL 选项，可以将分区指定为外部分区。如果没有 EXTERNAL 子句，则分区为内部分区。可以为每个外部分区设置与表级别默认值不同的属性，如目录等。例如，在后面的例子中，我们就可以看到，分区 sales_data2、sales_data3 和 sales_data4 的 DEFAULTE DIRECTORY 就与 EXTERNAL PARTITION ATTRIBUTES 子句中定义的值不同。

如果在创建外部分区时没有设置外部文件，则该外部分区就为空。该分区可以通过 ALTER TABLE MODIFY PARTITION 语句来使用外部文件进行填充。但需要注意的是，混合分区表至少要有一个内部分区。

在下面的例子中，我们创建了一个范围分区表，其包含了 4 个外部分区和 2 个内部分区。外部数据文件（CSV）的数据，存放在 sales_data、sales_data2、sales_data3，以及 sales_data_acfs 这 4 个目录中，并且这些目录均被 DEFAULT DIRECTORY 子句所定义。其中，定义的 sales_data 则覆盖了在 EXTERNAL PARTITION ATTRIBUTES 子句中定义的 DEFAULT DIRECTORY。其他的目录则均在分区级别设置。sales_2014 和 sales_2015 为内部分区。数据目录 sales_data_acfs 存储在 Oracle ACFS 文件系统上，用于展示创建语句的存储选项如何使用。该例子的代码如下：

```
CREATE DIRECTORY sales_data AS '/u01/my_data/sales_data1';
GRANT READ,WRITE ON DIRECTORY sales_data TO HR;

CREATE DIRECTORY sales_data2 AS '/u01/my_data/sales_data2';
GRANT READ,WRITE ON DIRECTORY sales_data2 TO HR;

CREATE DIRECTORY sales_data3 AS '/u01/my_data/sales_data3';
GRANT READ,WRITE ON DIRECTORY sales_data3 TO HR;

CREATE DIRECTORY sales_data_acfs AS '/u01/acfsmounts/acfs1';
GRANT READ,WRITE ON DIRECTORY sales_data_acfs TO HR;

--以HR用户登录，并执行如下操作
CREATE TABLE hybrid_partition_table
    ( prod_id          NUMBER          NOT NULL,
      cust_id          NUMBER          NOT NULL,
      time_id          DATE            NOT NULL,
      channel_id       NUMBER          NOT NULL,
      promo_id         NUMBER          NOT NULL,
      quantity_sold    NUMBER(10,2)    NOT NULL,
      amount_sold      NUMBER(10,2)    NOT NULL
      )
    EXTERNAL PARTITION ATTRIBUTES (
       TYPE ORACLE_LOADER
       DEFAULT DIRECTORY sales_data
         ACCESS PARAMETERS(
           FIELDS TERMINATED BY ','
           (prod_id,cust_id,
            time_id DATE
'dd-mm-yyyy',channel_id,promo_id,quantity_sold,amount_sold)
          )
        REJECT LIMIT UNLIMITED
        )
      PARTITION BY RANGE (time_id)
      (PARTITION sales_2014 VALUES LESS THAN (TO_DATE('01-01-2015',
'dd-mm-yyyy')),
       PARTITION sales_2015 VALUES LESS THAN (TO_DATE('01-01-2016',
'dd-mm-yyyy')),
       PARTITION sales_2016 VALUES LESS THAN (TO_DATE('01-01-2017',
'dd-mm-yyyy'))
```

```
            EXTERNAL LOCATION ('sales2016_data.txt'),
         PARTITION sales_2017 VALUES LESS THAN (TO_DATE('01-01-2018',
'dd-mm-yyyy'))
            EXTERNAL DEFAULT DIRECTORY sales_data2 LOCATION
('sales2017_data.txt'),
         PARTITION sales_2018 VALUES LESS THAN (TO_DATE('01-01-2019',
'dd-mm-yyyy'))
            EXTERNAL DEFAULT DIRECTORY sales_data3 LOCATION
('sales2018_data.txt'),
         PARTITION sales_2019 VALUES LESS THAN (TO_DATE('01-01-2020',
'dd-mm-yyyy'))
            EXTERNAL DEFAULT DIRECTORY sales_data_acfs LOCATION
('sales2019_data.txt')
        );
```

下面的例子则为混合范围分区表添加了一个外部分区：

```
ALTER TABLE hybrid_partition_table
  ADD PARTITION sales_2020
  VALUES LESS THAN (TO_DATE('01-01-2021','dd-mm-yyyy'))
      EXTERNAL DEFAULT DIRECTORY sales_data_acfs
          LOCATION ('sales2020_data.txt');
```

注：关于混合分区表的更多内容，读者也可以参阅

https://docs.oracle.com/en/database/oracle/oracle-database/19/vldbg/manage_hypt.htm l#GUID-ACBDB3B2-0A16-4CFD-8FF1-A57C9B3D907F。

9.6　其他新特性

Oracle 19c 其他值得关注的新特性如下。

- hint 使用情况报告。

- 多租户 PDB 级别 RAT（Real Application Testing）和 ADDM 支持。

- DBCA 静默方式复制与重定位远程 PDB。

- Active Data Guard 备库 DML 重定向。

- 多节点 Redo Apply。

- Memoptimized Rowstore：Fast Lookup 与 Fast Ingest。

- Real-time SQL Monitoring for Developer。

- 权限分析（Privilege Analysis）。

- 对物联网流式数据插入的支持。

- 在 Oracle、AWS、Azure 云上的对象存储中执行 SQL 查询和加载。

- SQL&JSON 增强。

- RMAN 增强。

- DataPump 增强。

- 多模数据库。

注：关于 Oracle 19c 的新特性，读者也可以参考官方文档 *Database New Features Guide*，该文档以应用开发、可用性、大数据与数据仓库、数据库安装升级、诊断、性能、RAC 与集群，以及安全性等作为分类，详细列出了 Oracle 19c 的在各个方面的新特性。链接为

https://docs.oracle.com/en/database/oracle/oracle-database/19/newft/new-features.html#GUID-5490FE65-562B-49DC-9246-661592C630F9。

9.7　本章小结

Oracle 12c 版本系列，到 Oracle 19c 截止。因此，Oracle 19c 算得上是一个举足轻重的版本了。了解 Oracle 19c 中比较关键的一些新特性，其价值也就不言自明了。本章介绍了实时统计信息收集、hint 使用情况报告、自动索引、SQL 语句隔离及混合分区表等几个关键的特性，以帮助读者来更快地熟悉和了解 Oracle 19c。Oracle 提供了丰富的官方文档，可以帮助我们更好地掌握 Oracle 19c 数据库。

参 考 文 献

[1] 石雨. Oracle 云计算平台实战：IaaS 与 PaaS 应用详解[M]. 北京：机械工业出版社，2017.

[2] 肖宇，刘晓宇，洪俊，杜平. Oracle 公有云实用指南[M]. 北京：清华大学出版社，2019.

[3] 史跃东. 云端存储：Oracle ASM 核心指南[M]. 北京：清华大学出版社，2018.

[4] 史跃东. Oracle Database 12cR2 多租户权威指南[M]. 北京：清华大学出版社，2018.

[5] 史跃东，高强，郝文瀚. Oracle RAC 12.2 架构高可用数据库权威指南[M]. 北京：清华大学出版社，2019.

[6] 史跃东. Scala 和 Spark 大数据分析[M]. 北京：清华大学出版社，2020.

反侵权盗版声明

　　电子工业出版社依法对本作品享有专有出版权。任何未经权利人书面许可，复制、销售或通过信息网络传播本作品的行为；歪曲、篡改、剽窃本作品的行为，均违反《中华人民共和国著作权法》，其行为人应承担相应的民事责任和行政责任，构成犯罪的，将被依法追究刑事责任。

　　为了维护市场秩序，保护权利人的合法权益，我社将依法查处和打击侵权盗版的单位和个人。欢迎社会各界人士积极举报侵权盗版行为，本社将奖励举报有功人员，并保证举报人的信息不被泄露。

举报电话：（010）88254396；（010）88258888

传　　真：（010）88254397

E-mail： dbqq@phei.com.cn

通信地址：北京市万寿路 173 信箱

　　　　　电子工业出版社总编办公室

邮　　编：100036